Bruce Tulgan

Einer muss der Chef sein

Dieses Buch ist Debby Applegate gewidmet.

Bruce Tulgan

Einer muss der Chef sein

So werden Sie die Führungskraft,
die Ihr Team braucht

*Übersetzung aus dem Amerikanischen
von Almuth Braun*

Bibliografische Information der Deutschen Nationalbibliothek:
Die Deutsche Nationalbibliothek verzeichnet diese Publikation in der Deutschen Nationalbibliografie; detaillierte bibliografische Daten sind im Internet über http://d-nb.de abrufbar.

Die englische Originalausgabe erschien 2007 bei Collins Business unter dem Titel »It's ok to be the boss«.
© 2007 by Bruce Tulgan. All rights reserved.

Übersetzung: Almuth Braun
Redaktion: Isabel Lamberty-Klaas
Umschlaggestaltung: Thomas Uhlig, www.coverdesign.net
Satz: Jürgen Echter, Landsberg am Lech
Druck: GGP Media GmbH, Pößneck
Printed in Germany

BRUCE TULGAN · EINER MUSS DER CHEF SEIN

1. Auflage 2009
© 2009 Redline Verlag, ein Imprint der FinanzBuch Verlag GmbH

Nymphenburger Straße 86
80636 München
Tel.: 089 651285-0
Fax: 089 652096

Alle Rechte, insbesondere das Recht der Vervielfältigung und Verbreitung sowie der Übersetzung, vorbehalten. Kein Teil des Werkes darf in irgendeiner Form (durch Fotokopie, Mikrofilm oder ein anderes Verfahren) ohne schriftliche Genehmigung des Verlages reproduziert oder unter Verwendung elektronischer Systeme gespeichert, verarbeitet, vervielfältigt oder verbreitet werden.

Für Fragen und Anregungen:
tulgan@redline-verlag.de

ISBN: 978-3-86881-041-7

Weitere Infos zum Thema

www.redline-verlag.de
Gerne übersenden wir Ihnen unser aktuelles Verlagsprogramm.

Inhaltsverzeichnis

Kapitel 1: Die Epidemie des mangelnden Mitarbeitermanagements ... 9
Die Epidemie des mangelnden Mitarbeitermanagements versteckt sich vor aller Augen ... 11
Mitarbeitermanagement wird immer schwieriger ... 14
Das Management hat die falsche Richtung genommen ... 16
Warum Manager nicht managen ... 21
Die harten Realitäten der Mitarbeiterführung ... 36
Einer muss der Chef sein – seien Sie ein großartiger Chef! ... 38

Kapitel 2: Machen Sie es sich zur Gewohnheit, jeden Tag zu managen ... 41
Das Erste, was Sie jeden Tag tun müssen, ist es, sich selbst zu managen ... 42
Das Zweite, was Sie jeden Tag tun müssen, ist es, alle anderen zu managen ... 44
Wie können Sie es schaffen, jeden Tag sechzehn oder sechzig Menschen zu managen? ... 45
Haben Sie eine Befehlskette? ... 46
Sie müssen jeden Tag Entscheidungen treffen ... 47
Worüber sollten Sie sprechen? ... 50
Machen Sie es sich zur Gewohnheit, jeden Tag zu managen ... 51

Kapitel 3: Lernen Sie zu sprechen wie ein Performance-Coach ... 53
Reden Sie viel – über die Arbeit ... 54
Wie sprechen die effektivsten Manager? ... 54
Sie müssen keine Schlachtrufe loslassen ... 57

5

Warten Sie mit dem Coachen nicht, bis Probleme auftreten.... 58
Holen Sie außergewöhnliche Leistung aus gewöhnlichen
Mitarbeitern 59

Kapitel 4: Nehmen Sie sich jeden Mitarbeiter einzeln vor **63**
Finden Sie heraus, welche Methode bei jedem einzelnen
Mitarbeiter wirkt 64
Gestalten Sie Ihr Mitarbeitermanagement individuell............... 64
Die Management-Landkarte.. 81

**Kapitel 5: Machen Sie Verantwortlichkeit zur gelebten
Wirklichkeit...** **83**
Lassen Sie der Mitarbeiterleistung greifbare
Konsequenzen folgen 84
Füllen Sie den Begriff Verantwortlichkeit mit Leben................. 98

**Kapitel 6: Sagen Sie Ihren Mitarbeitern, was sie tun sollen
und wie sie es tun sollen ....** **101**
Ohne eindeutig formulierte Erwartungen ist
Verantwortlichkeit ein leeres Wort... 102
Wie können Sie dauerhaft für klare Erwartungen sorgen,
wenn sich die Erwartungen täglich ändern?.............................. 105
Wenn Sie sich auf die Aufgaben konzentrieren,
werden sie erledigt... 106
Entwickeln Sie eine Obsession für betriebliche
Standardverfahren.. 107
»Ich tätowiere es Ihnen in den Unterarm«................................. 109
Jede Aufgabe hat Parameter.. 111
Mikromanagement versus mangelndes Management............... 113
Delegation ist die wahre Kunst des Empowerments 114

Kapitel 7: Verfolgen Sie die Leistung Ihrer Mitarbeiter auf Schritt und Tritt 117
Wissen ist Macht 119
Leistungsverfolgung durch die Überwachung
konkreter Handlungen 123
Was wird gemessen und was *sollte* gemessen werden? 127
Dokumentieren Sie die Leistung 129
Entwickeln Sie einen einfachen Prozess,
an dem Sie festhalten können 132
Achten Sie darauf, was Sie aufschreiben 133
Wann sollten Sie die Leistung dokumentieren? 133
Wenn Sie die Leistung Ihrer Mitarbeiter so genau verfolgen,
können diese kaum versagen 134

**Kapitel 8: Lösen Sie kleine Probleme,
bevor große Probleme daraus werden** 137
Diese verhassten Konfrontationen 137
Lösen Sie immer ein kleines Leistungsproblem
nach dem anderen 140
Konflikte zwischen Mitarbeitern 144
Wenn die Probleme andauern 145
Vorbereitung auf ein unangenehmes Gespräch 147
Negative Konsequenzen 148
Entlassung hartnäckiger Leistungsverweigerer 151
Wenn Sie Probleme unverzüglich und energisch lösen,
müssen Sie wahrscheinlich nie jemanden entlassen 153

**Kapitel 9: Tun Sie für einige Mitarbeiter mehr
und für andere weniger** 155
Die Gleichbehandlung aller Mitarbeiter ist eine stumpfe Waffe ... 159
Echte Gerechtigkeit 160
Echte Hebelwirkung 161
Seien Sie großzügig und flexibel 164

Helfen Sie Ihren Mitarbeitern dabei zu erhalten,
was sie brauchen und wollen 167
Nutzen Sie Ihre Handlungsspielräume klug................................ 171
(Fast) Alles ist verhandelbar 173

Kapitel 10: Beginnen Sie hier und jetzt **177**
Diese Entscheidung ist zu wichtig, um sie zu überstürzen........ 178
Berücksichtigen Sie die Kultur Ihres Unternehmens 179
Bereiten Sie sich vor 181
Machen Sie Ihren neuen Ansatz publik.. 186
Sprechen Sie zuerst mit Ihrem eigenen Vorgesetzten................ 187
Sprechen Sie mit Ihrem Team 189
Jetzt müssen Sie nur noch beginnen, aktiv zu managen ...
jeden Mitarbeiter einzeln, und das tagtäglich............................. 190
»Wie soll ich darauf reagieren?« – Wie ein starker Manager
auf den Widerstand von Mitarbeitern reagiert............................ 192
Bleiben Sie flexibel: Überprüfen und korrigieren Sie Ihre
Entscheidungen ständig.. 195
Wie man Mitarbeiter managt, die andere Mitarbeiter managen... 196
Wie Sie Ihren Vorgesetzten managen... 198
Einer muss der Chef sein. Seien Sie ein großartiger Chef!........ 200

Danksagung **201**

Über den Autor **205**

Stichwortverzeichnis **207**

Kapitel 1: Die Epidemie des mangelnden Mitarbeitermanagements

Sie betreten den Videoverleih in Ihrer Nachbarschaft. Auf Ihrem Weg in den Laden fallen Ihnen zwei Mitarbeiter auf, die vor der Tür stehen und sich unterhalten. Einer von ihnen zündet sich gerade eine neue Zigarette an; die beiden stehen schon eine ganze Weile dort. Drinnen müssen Sie feststellen, dass der Mitarbeiter hinter der Theke so viel zu tun hat, dass er Ihnen nicht dabei helfen kann, die DVD zu finden, die Sie suchen. Als Sie endlich das richtige Regal finden, in der die DVD stehen soll, stellen Sie beim Öffnen der Hülle fest, dass die falsche DVD darin liegt. Frustriert greifen Sie zu einer anderen DVD und gehen zur Kasse, um zu bezahlen. Es dauert eine halbe Ewigkeit, bis das endlich erledigt ist. Als Sie den Laden verlassen, verfluchen Sie insgeheim den miserablen Service und denken sich: »Dieser Laden ist grauenhaft. Sie sollten wirklich bessere Leute anstellen!«

Natürlich ist die Versuchung groß, den Mitarbeitern oder dem gesamten Unternehmen die Schuld für den schlechten Service zu geben. Die wahre Ursache versteckt sich jedoch hinter den Kulissen: der Geschäftsführer und Vorgesetzte – also der Manager. Es ist die Aufgabe eines Managers, zu überwachen, wie der Betrieb in seinem Laden läuft, und dafür zu sorgen, dass alle anfallenden Arbeiten beständig erledigt werden. Wie? Indem er seine Mitarbeiter steuert und lenkt! Indem er ihnen sagt, was sie zu tun haben und wie sie es zu tun haben; indem er ihre Leistung überwacht, misst und dokumentiert; indem er zügig Probleme löst und diejenigen Mitarbeiter belohnt, die erstklassige Arbeit geleistet haben. Das ist Management.

Management ist eine heilige Pflicht. Wenn Sie der Chef sind, sind Sie für den reibungslosen Ablauf des Geschäftsbetriebs verantwortlich. Sie haben dafür zu sorgen, dass alle Arbeiten jederzeit schnell und einwandfrei erledigt werden. Wenn Sie der Chef sind, wenden sich die Mitarbeiter zuerst an Sie, wenn sie etwas brauchen oder wollen oder wenn etwas nicht ordnungsgemäß funktioniert. Wenn ein Problem auftritt, sind Sie die Lösung. Wenn Sie der Chef sind, sind Sie derjenige, auf den alle zählen.

Viele Führer, Manager und sonstige Führungskräfte mit Mitarbeiterverantwortung werden jedoch ihren Aufgaben, nämlich Mitarbeiter zu führen, zu managen und zu überwachen, nicht gerecht. Sie übernehmen einfach keine Verantwortung für das Tagesgeschäft. Sie versäumen es ständig, Erwartungen konkret zu formulieren, die Leistungen ihrer Mitarbeiter im Auge zu behalten, Fehler zu korrigieren und Erfolg zu belohnen. Entweder fürchten sie sich davor oder es interessiert sie nicht oder sie wissen nicht, wie das funktioniert. In allen Unternehmen, auf allen Organisationsebenen und in jeder Branche findet man einen schockierenden und profunden Mangel an täglicher Führung, Anleitung, Feedback und Unterstützung der Mitarbeiter. Das ist es, was ich als »Undermanagement« – fehlendes Mitarbeitermanagement – bezeichne. Und das ist das Gegenteil von Mikromanagement.

Zeigen Sie mir einen Fall von schlechtem Kundenservice – wie der eingangs beschriebene Videoverleih – und ich zeige Ihnen einen Fall von fehlendem Mitarbeitermanagement. Genau genommen können Sie mir irgendein Problem in irgendeinem Unternehmen zeigen und ich zeige Ihnen einen Fall von fehlendem Mitarbeitermanagement. Folgen Sie der Spur in das Innere des Unternehmens; begeben Sie sich hinter die Kulissen. Was lief bei der Reaktion auf den Hurrikan Katrina schief und bei der Verstärkung der Dämme in New Orleans, bevor der Hurrikan die Stadt verwüstete? Was lief schief, als das US-Kriegsveteranenministerium die persönlichen Daten von Millionen Veteranen verlor? Datendiebstahl bei Kreditkartenunternehmen? Der Skandal bei der *New York Times* mit den Nachrichten, die der Reporter Jayson Blair erfunden hatte? Der langjährige und berühmte CBS-Nachrichtenmoderator Dan Rather, der im Präsidentschaftswahlkampf von 2006 auf gefälschte Dokumente hereinfiel? Unternehmensstars, die ausgeflippt sind? Was lief bei Enron schief? Arthur Andersen? Tyco? Ärztliche Kunstfehler? Pensionsdefizite? Die meisten Flugverspätungen? Wessen Aufgabe war es, dafür zu sorgen, dass alles reibungslos klappt? Egal wer es ist, diese Person hat einen Chef. Der Chef trägt die Verantwortung. Der Chef trägt die Schuld. Wofür? Dafür, dass er nicht dafür gesorgt hat, dass seine Mitarbeiter ihren Job richtig machen.

Fehlendes Mitarbeitermanagement kostet Unternehmen jeden Tag ein Vermögen. Es beraubt zahlreiche Mitarbeiter der Chance, positive Erfahrungen am Arbeitsplatz zu machen, größere Erfolge zu erzielen und mehr Geld zu verdienen. Fehlendes Mitarbeitermanagement ist der Grund, warum Manager sich abmühen, leiden und suboptimale Ergebnisse abliefern. Fehlendes Mitarbeitermanagement torpediert Vereinbarungen und Verträge mit Geschäftspartnern und Kunden. Und verursacht vielfältige Kosten für die Gesellschaft. Der Begriff »fehlendes Mitarbeitermanagement« ist nicht so bekannt wie der Begriff »Mikromanagement«, aber er sollte es sein, weil seine Folgen das Problem des Mikromanagements so klein wie einen Maulwurfhügel erscheinen lassen.

Die Epidemie des mangelnden Mitarbeitermanagements versteckt sich vor aller Augen

Im Jahr 1993 begann ich, die Arbeitshaltung der Generation X (der zwischen 1965 und 1977 Geborenen) zu untersuchen, also die Arbeitnehmer meiner Generation, die zu diesem Zeitpunkt gerade in den Arbeitsmarkt eintraten. Die Unternehmen begannen mich einzuladen, damit ich Vorträge auf ihren Konferenzen hielt, ihre Manager schulte, ihre Arbeitsabläufe beobachtete, ihre Führungskräfte befragte und Fokusgruppen mit ihren Mitarbeitern abhielt. Zunächst konzentrierte ich mich ausschließlich auf Generationsfragen. Ich kam in ein Unternehmen, befragte die jungen Mitarbeiter und hielt anschließend ein Seminar mit den Führungskräften und Managern ab, um mit ihnen zu besprechen, was ihre jungen Mitarbeiter mir mitgeteilt hatten. Üblicherweise war es immer dasselbe: »Ihre jungen Mitarbeiter haben das Gefühl, sie erhielten nicht genug Anleitung von ihren Vorgesetzten. Sie wollen mehr Schulung. Sie wollen mehr Unterstützung und Orientierung. Sie wollen mehr Coaching. Sie wollen mehr Feedback.« Ich erkannte es damals noch nicht, aber die Generation X hatte mir im Grunde genommen mitgeteilt, dass sie nicht gemanagt wurde.

Mit schöner Regelmäßigkeit kam von einem oder mehreren erfahrenen Mitarbeitern die folgende oder eine ähnliche Reaktion: »Mein Sohn, willkommen in der Arbeitswelt. Wir alle wollen, dass uns jemand die Hand hält, aber das wird niemand tun. Als ich damals anfing, hieß es auf Schritt und Tritt: ‚Schwimmen oder untergehen'. Wenn dir niemand gesagt hatte, was du tun solltest, dann hast du es eben selbst herausgefunden und es dann so gemacht. Und dann hast du darauf gewartet, dass der Chef auf dich aufmerksam wird. Wenn man nichts von seinem Chef hörte, war das ein gutes Zeichen. Nur wenn etwas schief ging, hat er von sich hören lassen. Und wenn du dem Betrieb dann eine gewisse Zeit lang angehörst, wirst du in das System übernommen. Das ist heute auch nicht anders. Diese jungen Leute von der Generation X müssen genau dasselbe tun, was wir alle getan haben: ihre Pflichten erledigen und sich langsam nach oben arbeiten.« Was diese erfahrenen Kollegen mir eigentlich mitteilten, war, dass mangelndes Mitarbeitermanagement die Norm war, seit sie denken konnten.

Obwohl sich das fehlende Mitarbeitermanagement genau vor meinen Augen versteckte, brauchte ich Jahre, bis ich das Problem richtig wahrnahm. Im Verlauf der 1990er-Jahre, als sich der Technologieboom in einen Dotcom-Boom verwandelte, breitete sich die Denkweise und Mentalität der Generation X aus. Und zwar nicht nur auf die nächste Generation junger Arbeitnehmer (die Generation Y ist wie eine Generation X auf der Überholspur mit einem überbordenden Selbstvertrauen). Als die Dotcom-Blase platzte, wurde immer offensichtlicher, dass das, was man zunächst für eine »Mode der Generation X« gehalten hatte, zur allgemeingültigen Mitarbeitermentalität geworden war. Die Tatsache, dass die Generation X der Vorreiter dieser Veränderung gewesen ist, war ein simpler Zufall der Geschichte. Etwas wesentlich Größeres war im Entstehen. Die traditionelle, langfristige, hierarchische Arbeitnehmer-Arbeitgeber-Beziehung verwandelte sich in eine kurzfristige, transaktionsbestimmte Beziehung. In den ersten Jahren des 21. Jahrhunderts ließen Arbeitnehmer aller Altersstufen deutlich erkennen, dass sie sich nicht mehr damit zufrieden gaben, ohne glaubwürdige, langfristige Zusagen der Arbeitgeber still und gehorsam nach dem Motto »Friss oder stirb« zu arbeiten. Je weniger sie darauf vertrauten, dass sich »das System« langfristig um sie kümmern würde, desto größer waren die kurzfristigen Erwartungen an ihre direkten Vorgesetzten. In dem Maße, wie der Druck in der Arbeitswelt anstieg, wurden die Mitarbeiter »pflege-intensiver«.

Seit Mitte der 1990er-Jahre hatte ich also die Gelegenheit, die Dynamik von Arbeitsplätzen aus nächster Nähe zu untersuchen. Ich habe seitdem die meiste Zeit damit verbracht, Manager auf allen Ebenen zu schulen – Zehntausende von Managern, von CEOs bis zu Teamleitern und Managern der untersten Führungsebene, und zwar in fast jeder Branche – Einzelhandel, Gesundheitswesen, Research, Finanzen, Luft- und Raumfahrt, Software, Fertigung, öffentlicher Sektor, sogar Nonprofit-Organisationen: alles, was Sie wollen. Die Erfolge von Managern faszinieren mich. Ihr Versagen bricht mir das Herz. Ihre Herausforderungen sind meine Herausforderungen.

Ich habe so viel Zeit hinter den Kulissen so vieler Unternehmen verbracht, dass ich eines sagen kann: Die meisten Probleme ließen sich durch einen zupackenden, wirklich engagierten Manager, einen Vorgesetzten, der sich zu seiner Autorität und Verantwortung bekennt, ganz vermeiden oder zumindest sehr schnell lösen. Ein Chef, der sagt: »Tolle Neuigkeit: Ich bin der Chef! Und ich werde mich wirklich sehr anstrengen, ein großartiger Chef zu sein!«

Leider sind wirklich engagierte Manager selten. Ehrlich gesagt, sind die meisten Chefs nicht so großartig. Viele bemühen sich, besser zu werden. Manche bemühen sich nicht einmal. Die meisten sind so passiv, dass sie nur dann managen, wenn es sich überhaupt nicht vermeiden lässt.

Warum?

Mitarbeitermanagement wird immer schwieriger

Es ist nie leicht, andere Menschen zu lenken und zu steuern. Manager befinden sich immer in einer »Sandwich-Position«, eingeklemmt zwischen ihren eigenen Vorgesetzten und ihren Mitarbeitern, und sie müssen versuchen, die miteinander konkurrierenden Bedürfnisse und Erwartungen beider Seiten in Einklang zu bringen. Die meisten Manager haben – so wie die meisten Menschen – wahrscheinlich immer alles getan, um Konflikte zu vermeiden. Eines der Vermächtnisse des Arbeitsplatzes alten Stils (aus der Nachkriegszeit, als noch der Mythos galt, man müsse im Gegenzug für Arbeitsplatzsicherheit stillhalten, seine Pflicht tun und sich langsam nach oben arbeiten) ist die passive Führung, die darauf beruht, dass Mitarbeiter schon selbst herausfinden, was sie zu tun haben. In dem alten, langfristig ausgerichteten, hierarchisch strukturierten Modell (dem Pyramiden-Organigramm) nahmen die Mitarbeiter die Autorität ihrer Vorgesetzten und ihres Unternehmens als Selbstverständlichkeit hin. Als Ergebnis waren sie eher bereit, selbst herauszufinden, was sie zu tun hatten, wobei sie zweifellos zahlreiche Fehler machten. Damals gab es aber mehr Raum für Verschwendung und Ineffizienz. Das geht heute nicht mehr.

Heute ist es viel schwieriger, Mitarbeiter zu managen. Die heutige Arbeitswelt ist stark vernetzt, wissensgetrieben, global und von einem erbitterten Wettbewerb gekennzeichnet. Die Märkte sind chaotisch, der Ressourcenbedarf unvorhersehbar und die Unternehmen befinden sich in einem ständigen Wandel. Als Folge müssen Unternehmen schlank und flexibel sein, um überleben zu können, und jeder Einzelne muss aggressiver agieren, um für sich und seine Familie sorgen zu können. Mitarbeiter haben weniger Vertrauen, dass »das System« beziehungsweise die Organisation langfristig für sie sorgt.

Daher ist ihre Bereitschaft geringer, im Austausch für eine langfristige Belohnung kurzfristige Opfer zu bringen. Sie zeigen eine größere Tendenz, die Leitlinien, die Geschäftspolitik und die Entscheidungen ihrer Arbeitgeber offen zu kritisieren und die Arbeitsbedingungen und etablierten Entlohnungssysteme infrage zu stellen. Als Ergebnis all dieser Veränderungen unterwerfen sich die meisten Mitarbeiter nicht mehr automatisch den Regeln und Anweisungen ihrer Vorgesetzten.

Auch die traditionellen Quellen von Autorität werden kontinuierlich durch neue ersetzt. Betriebszugehörigkeit, Alter, Rang und etablierte Methoden büßen zunehmend an Bedeutung ein. Die Organigramme werden flacher; ganze Managementschichten wurden eliminiert. Berichtsstrukturen sind eher befristet, immer mehr Mitarbeiter werden von kurzfristigen Projektleitern geführt anstatt von Linienmanagern.

Zu den Quellen der Autorität, die sich zunehmend durchsetzen, gehören stärker transaktionsorientierte Formen, so wie die Kontrolle über die Ressourcen, die Kontrolle über die Entlohnung und die Kontrolle über die Arbeitsbedingungen. Mitarbeiter wenden sich für die Erfüllung ihrer grundlegenden Bedürfnisse und Erwartungen an ihre direkten Vorgesetzten und stellen Forderungen. Manager, die diese Bedürfnisse nicht erfüllen können, besitzen in den Augen ihrer Mitarbeiter immer weniger Autorität.

Inzwischen haben aber auch diese Manager, wie jeder andere, immer mehr eigene Aufgaben und Verantwortlichkeiten und eine wachsende Zahl an administrativen Pflichten zu erfüllen. Überdies ist die Kontrollspanne – die Zahl der Mitarbeiter, die offiziell an einen Manager berichten – größer geworden. Eine wachsende Zahl von Managern ist für Mitarbeiter verantwortlich, die an räumlich entfernten Standorten arbeiten. Und auch die Breite und Komplexität der Aufgaben der Mitarbeiter, die an einen Manager berichten, sind angewachsen.

Alles in allem haben die Veränderungen in der Arbeitswelt eine grundlegende Verschiebung der Werte und Normen ausgelöst, die den Kern der Beziehung zwischen Arbeitnehmer und Arbeitgeber betrifft. Hier liegt das Problem: Die meisten Manager weichen diesem Konflikt noch immer aus. Den meisten mangelt es nach wie vor an der speziellen Fähigkeit zur Führung und sie erhalten zu wenig Schulung in den grundlegenden Methoden einer effektiven Mitarbeiterführung. Was im Bezug auf Führung in den meisten Unternehmen, ob groß oder klein, immer noch weitervererbt wird, ist der passive Führungsstil: »Hier ist unsere Mission. Finden Sie heraus, was Ihre Aufgabe dabei ist. Verhalten Sie sich still, bis wir auf Sie aufmerksam werden. Wir werden Ihnen schon mitteilen, wenn Sie etwas falsch gemacht haben, und das System wird Sie irgendwann genauso belohnen wie alle anderen.«

Das Management hat die falsche Richtung genommen

Das Pendel von Managementtheorie, Managementbüchern und Managementschulungen hat nun schon zu lange sehr weit in die genau falsche Richtung ausgeschlagen, nämlich in Richtung passives Management.

Seit Erscheinen des Buches *Die Praxis des 01-Minuten-Managers* von Kenneth Blanchard und Spencer Johnson haben zu viele Managementtheoretiker versucht, einfache Lösungen für die große Herausforderung der Mitarbeiterführung und der Übertragung von Verantwortung an Mitarbeiter zu verkaufen. Selbstverständlich hat dieses einfallsreiche Buch zur Hälfte Recht: Was ist »Zielsetzung« schließlich anderes als die Formulierung von Erwartungen? Was ist »Lob« anderes als die Auswahl bestimmter Mitarbeiter für eine besondere Belohnung? Was ist »Schelte« anderes als der Hinweis auf Fehler und die Initiierung von Korrekturmaßnahmen? Aber Blanchard und Johnson hatten auch zur Hälfte Unrecht: Management lässt sich nicht in einer Minute erledigen.

Betrachten Sie auch die Bestseller von Marcus Buckingham, zum Beispiel *Erfolgreiche Führung gegen alle Regeln*. Was dieses Buch so herausragend macht – wie auch *Die Praxis des 01-Minuten-Mana-*

gers –, ist sein intensiver Fokus auf die unmittelbare Beziehung zum direkten Vorgesetzten, also die Rolle des Chefs. Das Problem bei Buckingham, wie bei den meisten Titeln dieses Genres, ist die naive Vorstellung, Mitarbeiter würden von alleine Höchstleistungen erbringen, wenn sie die Freiheit besäßen, sich selbst zu managen. Der beste Weg, Mitarbeiter zu Engagement in der Arbeit zu bewegen, so argumentieren die Autoren in fehlgeleiteter Nettigkeit, besteht darin, ihnen Aufgaben zu übertragen, die sie gern machen und sie viel und oft zu loben. Das einzige Problem dabei: Wer macht dann all die Arbeit, die niemand gerne tut?

Die seit kurzem grassierende Verbreitung des Begriffs »Engagement« ist nur eine weitere Methode, das weithin missverstandene Konzept von »Empowerment« ins Feld zu führen. Dieses Konzept wird weithin missverstanden, seit Douglas McGregor uns mit den Theorien X und Y bekannt gemacht hat: Theorie X besagt, dass Arbeitnehmer am besten durch externe Quellen motiviert werden, zum Beispiel durch Angst, Zwang und konkrete Belohnungen. Theorie Y besagt, dass Arbeitnehmer am besten durch intrinsische Quellen motiviert werden, zum Beispiel durch Wünsche, Glauben und das Streben nach Selbstverwirklichung. Fast alle relevanten Untersuchungen weisen darauf hin, dass Menschen sowohl von internen als auch von externen Faktoren motiviert werden. Nichtsdestotrotz stützt sich die Literatur über »Empowerment« seit mehreren Jahrzehnten vornehmlich auf Theorie Y und ignoriert Theorie X fast vollständig. Als Ergebnis hat sich das »falsche Empowerment« zum vorherrschenden Ansatz in der Managementtheorie, in Managementbüchern und in der Managementschulung entwickelt. Dem »falschen Empowerment«-Ansatz zufolge sollen Manager die Leistungen ihrer Mitarbeiter nicht überwachen und sie sollen definitiv nicht versuchen zu verhindern, dass ihre Mitarbeiter Fehler machen. Mitarbeiter sollen das Gefühl haben, sie seien die »Eigentümer« ihrer Arbeit und sie sollen den Freiraum genießen, eigene Entscheidungen zu treffen. Manager beschränken sich auf die Rolle des Moderators, der die natürlichen Talente und Wünsche der Mitarbeiter mit passenden Aufgaben zusammenbringt. Manager sollen ihren

Mitarbeitern nicht sagen, wie sie ihre Aufgaben zu erledigen haben, sondern ihnen den Freiraum gewähren, ihre eigenen Methoden zu entwickeln. Die Idee dabei: Gib' den Mitarbeitern ein gutes Gefühl und die richtigen Resultate ergeben sich von allein.

Dieser falsche Empowerment-Ansatz steht allerdings im Einklang mit anderen verbreiteten sozialen/kulturellen/arbeitsbezogenen Trends, die Hierarchien ablehnen. Wir »stellen Autorität infrage« – am Arbeitsplatz, in der Familie und überall sonst. Das Wunschdenken: »Niemand muss das Kommando haben« wird von diesem übergeordneten Diskurs unterstützt.

Aber schauen wir der Realität ins Auge: Irgendjemand hat das Sagen, und Mitarbeiter »werden verantwortlich gemacht«. Mitarbeiter haben nicht die »Macht«, ihre Arbeitsaufgaben nach Gutdünken zu verrichten. Sie haben nicht die Freiheit, ungeliebte Aufgaben zu ignorieren. Sie haben nicht die Freiheit, zu tun und zu lassen, was sie wollen. Vielmehr besitzen sie lediglich den Freiraum, innerhalb definierter Grenzen und Parameter, die von Dritten auf Basis einer strengen Unternehmenslogik festgelegt werden, eigene Entscheidungen zu treffen. Übertragung von Verantwortung ohne ausreichende Anleitung und Unterstützung ist kein Empowerment. Es ist schlicht und einfach Vernachlässigung.

Die Tatsache, dass falsches Empowerment einfach nicht funktioniert, wird durch den Umstand deutlich, dass beinahe jedes Unternehmen, das ich kenne, eine Strategie nach der nächsten ausprobiert hat – entweder, um Manager zu zwingen, mit strengerer Hand zu führen, oder um den Teil von Führung, der mit Mitarbeitermanagement zu tun hat, zu umgehen.

Unternehmensführer vertrauen mir in privaten Gesprächen oft an, sie hofften, das Managementproblem lösen zu können, indem sie Menschen durch Maschinen ersetzen: »Computer diskutieren nicht, beschweren sich nicht und stellen keine Forderungen!« Andere sagen mir, sie hofften darauf, das Problem mit Outsourcing und Einwanderung in den Griff zu bekommen: »Arbeitnehmer aus traditionelleren Kulturen haben noch eine altmodische Arbeitsmoral.«

Technologie, Immigration und Outsourcing haben offensichtliche Grenzen, aber diese Strategien sind genau deswegen so beliebt, weil man damit die scheinbar unbezwingbare Herausforderung umgehen will, Manager dazu zu bringen, ihre Mitarbeiter heutzutage aktiv zu steuern.

Und das ist natürlich nur die Spitze des Eisbergs. Wie lauten die drei derzeitig führenden Trends im Humankapitalmanagement? Die neue Version des Management by Objectives (Management durch Zielvorgaben), Forced Ranking (Auslese durch persönliche Leistungsbeurteilungen) und leistungsabhängige Bezahlung.

Neue Version des »Management by Objectives«. Manager aller Ebenen erhalten heute Zielvorgaben (als »Zahlen« bezeichnet, weil sie üblicherweise in Zahlen ausgedrückt werden) für jeden Tätigkeitsbereich. Der (sehr sinnvolle) Zweck dieser Zielsetzungen besteht darin, den Fokus auf konkrete, messbare Ergebnisse zu lenken. Das Problem ist, dass Zahlen üblicherweise als Auslöser für eine kaskadenartige Schuldzuweisung (oder Belobigung) dienen, selbst wenn die Dinge, die gemessen werden, nicht direkt im Zusammenhang mit den Handlungen stehen, die sich im Einflussbereich individueller Mitarbeiter befinden. Ohne Schritt-für-Schritt-Anleitungen, die auf jeder Stufe der Befehlskette klar kommuniziert werden, sind diese Ziele oft nicht mehr als fromme Wünsche.

Forced Ranking. Da die meisten Manager nur widerwillig Unterschiede zwischen oder unter Mitarbeitern machen und ungern einzelne Mitarbeiter für Belohnung oder Tadel auswählen, gehen die meisten führenden Unternehmen zu irgendeiner Form der systematischen Suche und Entfernung von leistungsschwachen Mitarbeitern über. Im Rahmen dieser Praxis wird von Managern verlangt, mittels eines strengen Notensystems, wie zum Beispiel A, B und C, eine unumwundene Bewertung jedes einzelnen Mitarbeiters vorzunehmen. Diese Praxis wurde durch Jack Welch berühmt, der als CEO fast 20 Jahre lang an der Konzernspitze von General Electric stand. Natürlich sind Bewertung und Differenzierung unerlässlich; ein solches Vorgehen wird jedoch ein trauriges, jährlich wiederkehrendes Ratespiel bleiben, solange die Manager die Leistung jedes einzelnen Mitarbeiters nicht kontinuierlich beobachten, messen und dokumentieren. Mit einer jährlichen Bewertung ist es nicht getan.

Leistungsabhängige Bezahlung. Sie ist bei weitem der größte Trend auf dem Gebiet der Mitarbeitervergütung. Der Anteil des Festgehalts an der Gesamtvergütung wird gesenkt, während der Anteil an variabler, leistungsabhängiger Bezahlung steigt. Das Konzept einer Vergütung auf Basis differenzierter Leistung findet durchaus meinen Applaus. Ich bin der Meinung, dass man das bekommen sollte, wofür man bezahlt und das leisten sollte, wofür man bezahlt wird. Das Problem ist, dass das Konzept der leistungsabhängigen Bezahlung nur funktioniert, wenn ein Manager jedem Mitarbeiter genau erklärt, was er tun muss, wenn er mehr verdienen möchte (konkrete Handlungen innerhalb des Verantwortungsbereichs eines Mitarbeiters), und was zu einer geringeren Entlohnung führt. Anschließend muss der Manager jede Leistung (konkrete Handlung) beobachten, messen und dokumentieren. Wenn Manager diese maßgebliche Aufgabe nicht erfüllen, werden zwar Prämien gewährt, aber die Verknüpfung zwischen der Belohnung und der individuellen Leistung wird nicht ausreichend deutlich. Damit wird das System als unberechenbar und ungerecht wahrgenommen. Immer und immer wieder erlebe ich, dass Initiativen, die auf dem Konzept der leistungsabhängigen Bezahlung beruhen, eine schwere Beeinträchtigung der Arbeitsmoral zur Folge haben, weil Manager die dafür notwendige Arbeit nicht leisten.

Dies sind die drei am schnellsten wachsenden Trends im Management, die die heutige von hohem Druck geprägte Arbeitswelt kennzeichnen, in der Hochleistung die einzige Option ist. Aber wir haben hier auch das Problem, dass der Karren vor den Ochsen gespannt wird. Die Ironie besteht darin, dass jede dieser Strategien die Tatsache ausgleichen soll, dass Manager nicht straffer führen. Dabei hängt der Erfolg jeder einzelnen Strategie von einem strafferen Mitarbeitermanagement ab. Sie scheitern kläglich, wenn Manager schwach sind und ihrer Managementrolle nicht gerecht werden. Das ist der Grund, warum diese drei Strategien so umstritten sind.

Eine weitere beliebte Taktik, mit der versucht wird, sich um die Managementaufgaben zu drücken, besteht darin, sich durch bestimmte Einstellungsverfahren aus der Managementverpflichtung zu stehlen. Es gibt zahlreiche Einstellungssysteme mit ausgefeilten Tests und Gesprächstechniken, die darauf abzielen, alle diejenigen Kandidaten auszusieben, die voraussichtlich keine höchst motivierten, leistungsfähigen Spitzenkräfte sind. Ich bin ein überzeugter Anhänger guter Einstellungssysteme (Lou Adler ist das beste Inhouse-System; im Internet steht Monster auf Platz eins). Das Problem ist, dass es nicht möglich ist, eine unbegrenzte Zahl an Spitzenkräften einzustellen. Abgesehen davon müssen selbst Superstars gemanagt werden.

Hier die bittere Wahrheit: Es gibt keinen Weg, der um den Managementanteil an Führungsaufgaben herumführt. Diejenigen, die Führungspositionen bekleiden, müssen schlicht und ergreifend die Verantwortung für ihre Mitarbeiter übernehmen: Sie müssen Anweisungen erteilen, Leistung verfolgen, Fehler korrigieren und Erfolg belohnen, und zwar auf Schritt und Tritt. Das sind die Mindestanforderungen an Mitarbeiterführung; weniger als das ist mangelndes Mitarbeitermanagement.

Warum Manager nicht managen

Leider haben die meisten Manager die falsche Empowerment-Philosophie übernommen, die sich durch alle Aspekte der Arbeitswelt zieht. Die meisten Manager ziehen die Managementzügel nicht straffer; sie erfüllen nicht einmal die grundlegenden Managementaufgaben. Die meisten Manager managen nicht. Warum?

Kehren wir zurück zu dem Manager des Videoverleihs zu Beginn des Buches. Wenn Sie einen Manager wie diesen im Privaten befragen würden, wie ich es im Rahmen meiner Untersuchungen ständig mache, dann würde er eine Antwort wie diese geben: »Sehen Sie, ich habe meine eigene Arbeit zu tun. Ich habe einfach keine Zeit, jeden Mitarbeiter an die Hand zu nehmen. Und das sollte auch nicht nötig sein. Ich habe diesen Job selbst zwei Jahre lang gemacht und niemand musste mir sagen, was ich zu tun hatte. Ich habe einfach meine Arbeit gemacht. So bin ich Manager geworden. Ich versuche, mich nicht einzumischen, solange nichts schief läuft. Wenn ich plötzlich anfangen würde, die Leute herumzukommandieren, dächten diese, ich sei ein gewaltiger Armleuchter geworden. Sie würden sagen: ‚Sagen Sie mir nicht, was ich zu tun habe; das ist nicht fair, schließlich ist es nicht mein Fehler.' Mary würde sauer werden, mit mir herumstreiten und Ausreden finden. Joe würde anfangen zu heulen. Sam würde wahrscheinlich die Arme verschränken und mit stoischer Miene warten, bis ich fertig bin, und dann einfach weggehen. Chris würde mir in allem zustimmen und so oft ‚Ja' sagen, bis ich einfach aufhöre zu reden. Vielleicht würde ich Mary am Ende feuern. Joe würde wahrscheinlich von sich aus gehen. Vielleicht bin ich kein geborener Führer. Ich liebe den Einzelhandel, aber ich nehme an, ich bin kein besonders guter Manager. Wahrscheinlich würde ich mehr Probleme verursachen als lösen. Am Ende wäre mein Chef sauer, weil ich die Dinge, die einigermaßen liefen, nicht in Ruhe gelassen habe.«

Dieser Manager befindet sich in einem echten Dilemma – ein Dilemma, das von Führungskräften und Managern überall, wo ich hinkomme, geteilt wird. Jeden Tag frage ich Manager, warum sie nicht die Zügel anziehen und ihre Mitarbeiter straffer führen. Fast immer nennen sie mir dieselben Gründe. Ich bezeichne diese Gründe als die sieben Managementmythen der heutigen Arbeitswelt.

1. Der Mythos des Empowerments: Empowerment bedeutet, die Mitarbeiter sich selbst zu überlassen und auf ihr Selbstmanagement zu vertrauen.

Das ist falsches Empowerment und die Nummer eins unter den Mythen der Arbeitswelt. Wie sieht die Realität aus? Fast jeder leistet mehr, wenn er Anleitung, Führung und Unterstützung von einer Person erhält, die mehr Erfahrung hat.

Warum handeln Manager dann so oft gegen ihren eigenen Instinkt, die Zügel zu straffen? Genau deshalb, weil ihnen das Mantra des falschen Empowerments eingeimpft wurde. Wenn Manager sich verantwortlich zeigen, dann wiederholen Mitarbeiter oft dasselbe Mantra, indem sie sich beschweren: »Hören Sie auf mit dem Mikromanagement.«

Das Komische daran ist, dass die meisten Fälle, die als Mikromanagement missverstanden werden, sich letztlich als verstecktes mangelndes Mitarbeitermanagement herausstellen. Ich will Ihnen das anhand einiger Beispiele verdeutlichen:

Fall Nummer eins: Der Mitarbeiter muss bei sehr grundlegenden Entscheidungen oder sehr einfachen Handlungen jeden Schritt mit seinem Vorgesetzten absprechen. Ist das wirklich ein Fall von Mikromanagement? Nein. Wenn ein Mitarbeiter unfähig ist, sehr grundlegende Entscheidungen oder sehr einfache Handlungen eigenständig auszuführen, dann liegt das fast immer daran, dass der Manager den Mitarbeiter nicht rechtzeitig darauf vorbereitet hat, diese Aufgaben selbstständig auszuführen. Jemand muss ihm sagen: »Wenn A passiert, dann machen Sie B. Wenn C eintritt, dann machen Sie D. Wenn E eintritt, dann machen Sie F.« Auf diese Weise befähigen Sie einen Mitarbeiter, eigenständig Entscheidungen zu treffen und selbstständig zu handeln. Jemand muss ihm genau sagen, was er tun soll und wie er es tun soll. Jemand muss dafür sorgen, dass dieser Mitarbeiter weiß, wie er seine Aufgaben ausführen und seine Verantwortlichkeiten erfüllen muss. Jemand muss ihm die Instrumente und Techniken an die Hand geben, damit er seinen Job machen kann. Und dieser Jemand ist der Vorgesetzte.

Fall Nummer zwei: Der Mitarbeiter trifft Entscheidungen und handelt ohne jede Rücksprache mit seinem Vorgesetzten. Wenn der Manager das herausfindet, bekommt der Mitarbeiter großen Ärger. War's das mit der Eigeninitiative? Ja. Mikromanagement? Nein. Wenn ein Mitarbeiter nicht weiß, wo seine Entscheidungsspielräume beginnen und enden, dann liegt das daran, dass der Manager nicht von Anfang an die Richtlinien und Parameter vorgegeben hat. Jemand muss diesem Mitarbeiter haarklein erklären, welche Dinge innerhalb seiner Entscheidungsbefugnis liegen und welche nicht. Jemand muss ihm wiederholt klarmachen, was er allein entscheiden darf und was nicht. Dieser Jemand ist der Vorgesetzte.

Fall Nummer drei: Der Manager übernimmt immer wieder Aufgaben des Mitarbeiters oder der Mitarbeiter übernimmt ständig Aufgaben des Managers. Am Ende kann niemand mehr sagen, welche Aufgaben zum Verantwortungsbereich des Managers und welche zum Verantwortungsbereich des Mitarbeiters gehören. Ist das Mikromanagement? Nein. Es ist das Versäumnis zu delegieren. Manche Aufgaben lassen sich nur schwer delegieren, aber wenn sich Aufgaben nicht richtig delegieren lassen, dann ist es die Pflicht des Managers, das herauszufinden und entsprechend zu handeln. Jemand muss exakt festlegen, welche Aufgaben in den Verantwortungsbereich des Mitarbeiters und welche in den Verantwortungsbereich des Managers fallen. Jemand muss dem Mitarbeiter von Anfang an genau sagen, was er zu tun hat, wo, wann und wie er es zu tun hat. Dieser Jemand ist der Vorgesetzte.

Alle diese Fälle werden oft fälschlicherweise als »Mikromanagement« abgestempelt, dabei sind sie tatsächlich Beispiele für mangelndes Mitarbeitermanagement. Aus diesem Grund sage ich oft, dass der Begriff »Mikromanagement« irreführend ist. Gibt es überhaupt so etwas wie Mikromanagement? Natürlich übertreiben es Manager gelegentlich, aber die überwältigende Mehrheit tut zu wenig. Echtes Mikromanagement, wenn es denn existiert, ist ziemlich selten. Betrachten Sie die Grundlagen des Managements: Delegieren Sie richtig, damit jeder Mitarbeiter weiß, welches seine und nur seine Aufgaben sind. Teilen Sie ihm ganz genau mit, welche Dinge sich innerhalb seiner Entscheidungsbefugnisse befinden und welche Dinge er nicht allein entscheiden darf. Geben Sie ihm die Instrumente und Techniken an die Hand, mit denen er seine Aufgaben erfüllen kann. Das ist kein Mikromanagement, das ist einfach Management. Weniger als das ist mangelndes Mitarbeitermanagement.

Wie sieht echtes Empowerment aus? Wenn Sie Menschen wirklich dazu befähigen wollen, eigenverantwortlich zu handeln, dann müssen Sie einfach das Terrain abstecken, innerhalb dessen die Menschen eigenverantwortlich handeln dürfen. Dieses Terrain besteht aus wirksam delegierten Zielen mit klaren Richtlinien und konkreter Fristsetzung. Jedem direkten Untergebenen gegenüber die entsprechenden Standards und Erwartungen beständig klar zu artikulieren – ihm also zu sagen, was er zu tun hat und wie er es zu tun hat – ist die harte Arbeit des Führens, des Managements und der Überwachung der eigenen Mitarbeiter. Innerhalb der klar definierten Parameter verfügt der direkte Untergebene über Entscheidungsbefugnisse. Sind solche Befugnisse begrenzt? Ja. Aber sie haben auch den großen Vorteil, dass es sich dabei um echte Befugnisse handelt.

2. Der Mythos der Gerechtigkeit: Gerecht ist, alle gleich zu behandeln.

Woher kommt dieser Mythos? Erstens hat die Furcht der Personalabteilungen, der Rechtsabteilung oder der Gleichstellungsabteilungen, gerichtlich belangt zu werden, zu der pauschalen Fehleinschätzung geführt, jede unterschiedliche Behandlung von Mitarbeitern sei »gegen die Regeln«. Zweitens hat die damit eng verbundene politische Korrektheit viele Menschen dazu veranlasst, jede Erwähnung von Unterschieden zwischen den Menschen – selbst sichtbare leistungsbasierte Unterschiede – per Selbstzensur zu unterdrücken. Drittens existiert ein gängiges Missverständnis hinsichtlich der Humanistischen Psychologie und der Theorie der menschlichen Entwicklung, demzufolge im Wesentlichen davon ausgegangen wird, dass »wir alle Sieger sind.« Die zugrunde liegende Theorie besagt, dass wir jeden Menschen gleich behandeln sollen, weil jeder Einzelne von Natur aus wertvoll ist. Das ist nur dann gerecht, wenn Sie eine Kommune leiten.

Die Realität sieht so aus, dass wir nicht alle Sieger sind, wie Ihnen jeder Ihrer Mitarbeiter sagen könnte. Alle gleich zu behandeln, unabhängig von ihrem Verhalten, ist total ungerecht.

Seit Anfang der 1990er-Jahre hat die Selbstverbesserungsbewegung eine merkwürdige Verschiebung weg von der »Selbstverbesserung«

und hin zu einem guten Selbstgefühl vollzogen, egal ob man sich verbessert oder nicht. Die Ironie ist, dass eine echte menschliche Entwicklung genau daher rührt, dass man Menschen dabei hilft, ihre Leistung ehrlich zu bewerten und sie darin unterstützt, sich zu verbessern, damit sie sich die Belohnungen verdienen können, die sie sich wünschen und die sie brauchen. Die Scheingleichheit, die dieses Wohlgefühl produzieren soll, wird zu einer weiteren Ausrede für Manager, um die Überwachung und Messung der Leistung ihrer Mitarbeiter zu vermeiden, und erst recht, um ihren Mitarbeitern nicht sagen zu müssen, wenn sie Fehler gemacht haben, und ihnen nicht dabei helfen zu müssen, besser zu werden. Wenn Manager ihre Mitarbeiter auf Fehler aufmerksam machen, treffen sie oft auf Abwehr oder heftige Reaktionen: »Das ist nicht meine Schuld. Hören Sie auf, auf mir herumzuhacken.« An diesem Punkt ziehen sich viele Manager zurück.

Und was noch schlimmer ist: Sich hinter falscher Gerechtigkeit zu verstecken, bedeutet, dass die meisten Manager unfähig oder nicht bereit sind, Mitarbeiter zu belohnen, die sich besonders anstrengen. Ich kenne viele Manager, die ihren Mitarbeitern tatsächlich sagen: »Ich schätze Ihre Anstrengungen wirklich, aber ich kann nichts Besonderes für Sie tun. Wenn ich Sie belohnen würde, müsste ich alle belohnen.« Natürlich kann man nicht alles für alle tun, also wählen die meisten Manager den bequemen Weg, der darin besteht, niemanden zu belohnen. Das Ergebnis: Mittelmäßige und leistungsschwache Mitarbeiter kommen ungefähr in den Genuss der gleichen Belohnungen wie leistungsstarke Mitarbeiter. Die begrenzten Mittel für Belohnungen werden noch weiter verwässert, indem man versucht, sie nach dem Gießkannenprinzip gleichmäßig auf alle zu verteilen. Die leistungsstarken Mitarbeiter sind enttäuscht und verärgert. Und das Fazit: Manager versäumen, ihren besten Mitarbeitern die Flexibilität zu gewähren, die sie benötigen, um weiterhin so tüchtig und so erfolgreich zu arbeiten. Damit berauben sie sich eines Schlüsselinstruments zur Mitarbeitermotivation.

Was ist wirklich gerecht? Tun Sie mehr für einige Mitarbeiter und weniger für andere, und zwar auf Basis ihrer Leistung und Verdienste.

3. Der Mythos des netten Chefs: Man kann nur Stärke zeigen, wenn man wie ein Scheusal handelt. Ich will aber lieber ein »netter Chef« sein.

Viele Manager verhalten sich wie Scheusale. Das heißt nicht, dass sie stark sind. Es heißt nur, dass sie sich wie Scheusale verhalten.

Wie sieht die Realität aus? Wirklich »nette Chefs« tun alles Nötige, um ihren Mitarbeitern dabei zu helfen, erfolgreich zu sein, damit diese Mitarbeiter den Kunden des Unternehmens einen erstklassigen Service bieten und sich selbst in den Genuss einer Belohnung bringen.

Manchmal, wenn Manager mich sagen hören: »Einer muss der Chef sein«, dann denken sie an Chefs, die sie aus ihrer Vergangenheit kennen und die besonders »chefmäßig« waren – willkürlich, ungerecht, laut, gemein und sogar beleidigend. Lassen Sie mich eines klarstellen: Wenn ich sage »Einer muss der Chef sein«, dann ist das nicht damit gemeint.

Warum verhalten sich Chefs gelegentlich wie Scheusale? Einige Menschen genießen es, an der Spitze zu stehen und Macht über andere zu haben – das ist für sie ein Egotrip. Sie fühlen sich wichtig, und es gibt ihnen die Möglichkeit, andere herumzukommandieren. Für sie ist das die Arbeitswelt-Version der Schulhofrüpelei, als man jüngere Schüler drangsalieren konnte. Das ist schädlich und unverantwortlich.

Einige Vorgesetzte sind Scheusale aus purer Nachlässigkeit. Sie wissen eigentlich gar nicht, was vor sich geht, aber treffen dennoch wichtige Entscheidungen. Das sind die Armleuchter, die ihren Mitarbeitern kein Feedback über ihre Leistung geben, bis diese einen folgenschweren Fehler machen, und dann schwere Strafen verhängen. Das sind die Armleuchter, die ihre Autorität als Chef immer zum falschen Zeitpunkt und auf falsche Weise benutzen, ohne sich jemals die harte Arbeit der Mitarbeiterführung anzutun.

Und dann gibt es noch das weit verbreitete Phänomen des »Netter-Chef-Komplexes«. Der »falsche nette Chef« weigert sich, Entscheidungen zu treffen, Anweisungen zu erteilen und Mitarbeiter zur Verantwortung zu ziehen. Er redet sich ein, dass er das macht, weil er kein »Scheusal«, sondern »nett« sein will. Er redet sich ein, dass es irgendwie nicht okay ist, Chef zu sein. Die Ausübung von Autorität einer Person über eine andere Person erscheint ihnen falsch. Dies ist ein weiteres Missverständnis, das aus dem egalitären Impuls entsteht: Alle Menschen auf der Welt sind gleich und daher sollte kein Mensch einem anderen überlegen sein oder von einem anderen Gehorsam verlangen. Ist das schön.

Wirklich? Warum gehen Sie dann ins Restaurant und geben beim Kellner eine Bestellung auf? Weil Sie im Restaurant dafür bezahlen, dass Sie etwas zu essen und zu trinken bekommen. Der Kellner, auf der anderen Seite, wird bezahlt. Keine großen Gefühle. Hier handelt es sich um eine transaktionsbasierte Beziehung. Auf ähnliche Weise verlangt Ihre Autorität als Vorgesetzter am Arbeitsplatz keineswegs, dass Sie im Kosmos eine überlegene Stellung einnehmen. Die Festanstellung ist eine transaktionsbasierte Beziehung, so wie eine Kundenbeziehung. Diejenigen, die Sie managen, werden dafür bezahlt, ihre Arbeit zu machen. Das ist die ultimative Quelle Ihrer Autorität. Schlicht und einfach. Keine großen Gefühle.

Die Ironie ist, dass falsche nette Chefs zu weichgespülter Autorität neigen, und zwar in einem Maße, dass die Dinge Gefahr laufen, schief zu gehen. Dann sind sie frustriert und verärgert und dann neigen sie dazu, sich wie Scheusale zu verhalten – willkürlich, ungerecht, laut, gemein und sogar beleidigend. Der Unterschied ist, dass sich falsche nette Chefs hinterher oft schrecklich schuldig fühlen, wenn sie sich so verhalten haben. Was machen sie also? Sie kehren zu ihrer weichgespülten Autorität zurück, ohne jemals zu erkennen, dass sie in einem Teufelskreis gefangen sind.

Sind sie wirklich »nette Chefs«, wenn sie versäumen, die Richtung vorzugeben, Unterstützung zu bieten und ihre Mitarbeiter angemessen zu coachen, damit diese erfolgreich sein können?

In Wahrheit stehlen sie sich einfach aus der Verantwortung, um die unangenehme Spannung zu vermeiden, die sich aus der Sandwich-

Position zwischen der Unternehmensführung und der Basis ergibt – der Erfordernis, die konkurrierenden Bedürfnisse und Wünsche des Arbeitgebers und der Arbeitnehmer in Einklang zu bringen. Diese Manager weigern sich, die Verantwortung für ihre Autorität zu übernehmen, und das hat echte Konsequenzen, die alles andere als nett sind: Es führt zu Problemen, manchmal zu sehr großen Problemen. Wenn Probleme nicht gelöst werden, werden daraus gelegentlich Katastrophen. Manchmal handelt es sich dabei um karriereschädliche Katastrophen oder um echte Karrierekiller. Das ist dann nicht mehr so nett. Die beste Methode, um zu vermeiden, dass man zum Scheusal wird, besteht darin, dass Sie als Manager Ihre legitime Autorität akzeptieren und sich mit der legitimen Ausübung Ihrer Autorität wohl fühlen.

4. Der Mythos des schwierigen Gesprächs: Passivität ist die Methode, um Konfrontationen mit Mitarbeitern zu vermeiden.

Die meisten Manager finden, dass schwierige Gespräche oder sogar konfrontative Auseinandersetzungen mit Mitarbeitern über irgendein Problem der unangenehmste und schädlichste Aspekt des Managements sind. Sie glauben, ein starker Manager zu sein, erfordere solche Konfrontationen oder löse sie sogar aus, wohingegen die Position als schwacher Manager ihnen erlaube, solchen Konfrontationen aus dem Weg zu gehen.

Wie sieht die Realität aus? Ein schwacher Manager zu sein, macht diese Konfrontationen geradezu unvermeidlich, wohingegen die Position als starker Manager bedeutet, dass es eher selten zu Auseinandersetzungen kommt; und wenn sie doch entstehen, sind sie letztendlich nicht so unangenehm.

Eines meiner Hauptziele bei der Schulung von Managern besteht darin, ihnen zu helfen, ihre Angst vor Auseinandersetzungen mit Mitarbeitern zu überwinden. Unsere Untersuchungen zeigen, dass der Hauptgrund, warum so viele Managementgespräche so schwierig sind, genau darin liegt, dass sie so selten geführt werden. Wenn

Managementgespräche nur bei besonderen Anlässen stattfinden, pflegen sie sehr schwierig zu sein. Warum?

> Weder der Vorgesetzte noch der Mitarbeiter hat Erfahrung mit dieser Art Unterredung, daher sind beide nicht besonders gut darin.

> Der Vorgesetzte hat seine Erwartungen nicht deutlich gemacht. Ein Großteil des Gesprächsinhalts ist für den Mitarbeiter daher eine große und unangenehme Überraschung.

> Diese Gespräche finden üblicherweise statt, wenn ein Problem dringend einer Lösung bedarf, sodass die Gespräche vermutlich in eine hitzige Debatte ausarten. Abgesehen davon ist die Lösung eines Problems immer schwieriger als seine Vorbeugung.

> Da der Vorgesetzte keinen Überblick über die tatsächlichen Aufgaben, die Leistung und Vorgänge in seinem Team hat, kennt er meistens nicht alle Fakten und hat daher weniger Vertrauen in seinen eigenen Standpunkt und weniger Argumente, um seinen Standpunkt zu begründen und auf die Abwehr des Mitarbeiters zu reagieren.

Ein solcher Ansatz ähnelt einem Wutausbruch. Zu guter Letzt beschließen Sie, bei einem oder mehreren Problemen, die Sie haben schleifen lassen, »andere Seiten aufzuziehen«. Sie berufen ein Teammeeting ein und verkünden: »Alle erscheinen ab sofort pünktlich und machen kürzere Pausen, und diesmal meine ich es ernst. Außerdem müssen die Privatgespräche im Büro aufhören. Ich will, dass sich alle auf ihre Arbeit konzentrieren!« Vielleicht bitten Sie anschließend den einen Mitarbeiter, der Sie besonders auf die Palme getrieben hat, in Ihr Büro und sagen ihm, er solle sich besser zusammenreißen oder – noch besser – er sei entlassen. An diesem Tag gehen Sie nach Hause und denken: »Heute habe ich gemanagt.« Am nächsten Tag kommen Sie wie gewohnt in die Arbeit und kehren zu Ihrer alten Passivität zurück.

Wenn Ihre Managementversion der schnelle Wechsel zwischen »netter Chef« und »böser Chef« ist, dann sind die Chancen groß, dass Sie tatsächlich wie ein Scheusal wirken. Und nicht nur das: Ihre Mitarbeiter nehmen Sie wahrscheinlich auch nicht ernst. Möglicherweise denken sie, dass Sie Ihre neuen Ankündigungen nicht durchsetzen wollen oder können ... oder dass Sie sich wieder beruhigen und das Ganze einfach vergessen. Vielleicht sind Sie überhaupt nicht gut im Umgang mit solchen Auseinandersetzungen und sie verlaufen ungut. Vielleicht setzen Ihnen Ihre Mitarbeiter Widerstand entgegen und Sie lenken ein; vielleicht werden Ihre Mitarbeiter wütend oder sie kichern und spotten oder mögen Sie nicht mehr. Das Ganze wird unangenehm, unbequem und schmerzhaft – und schließlich funktionieren Ihre ganzen Anstrengungen, die darauf abzielen zu zeigen, wer das Sagen hat, womöglich überhaupt nicht.

Die wirkungsvolle und langfristige Übernahme von Verantwortung ist so ähnlich wie die Verbesserung seiner körperlicher Kondition – ein langer, mühseliger Prozess. Er setzt voraus, dass Sie Ihr Verhalten grundlegend verändern und neue Gewohnheiten annehmen. Und auf diesem Weg gibt es keine Abkürzung. Es dauert, bis Sie Ergebnisse sehen. Sie werden immer noch einige schwierige Gespräche führen und sogar einige echte Konfrontationen bewältigen müssen, aber es werden wesentlich weniger sein, und sie werden nur auftreten, wenn es sich gar nicht vermeiden lässt. Es erfordert Mut, die Verantwortung zu übernehmen und ein starker Manager zu sein, aber wahrscheinlich nicht aus den Gründen, an die Sie denken. Haben Sie keine Angst vor einigen schwierigen Auseinandersetzungen. Fürchten Sie sich vielmehr vor einem langsamen, langwierigen, mühseligen Veränderungsprozess, der Ihre Gewohnheiten, Ihre Rolle und Ihre Beziehungen am Arbeitsplatz radikal und für immer umkrempeln wird. Wenn Sie diese Courage nicht aufbringen, dann sollten Sie vielleicht nicht der Chef sein.

5. Der Mythos der bürokratischen Formalitäten: Manager können keine Stärke zeigen, weil es zahlreiche Faktoren gibt, auf die sie keinen Einfluss haben – Formalitäten, Unternehmenskultur, das Topmanagement, begrenzte Ressourcen.

Manager erzählen mir jeden Tag, dass sie trotz größter Anstrengungen von Regeln, bürokratischen Formalitäten und Verträgen behindert werden. Übrigens verstecken sich einige Manager hinter diesen Herausforderungen und benutzen sie als Ausrede, um nicht zu managen. Und fast immer gibt es direkt neben ihnen in derselben Organisation mit denselben Regeln, Formalitäten und Verträgen eine Vielzahl von Managern, die Wege finden, um innerhalb und außerhalb der Regeln, Formalitäten und Verträge zu arbeiten. Das ist schwer, aber sie tun es trotzdem, weil es ihr Job ist.

Wie handhaben Sie das? Eigentlich bin ich ein Rechtsanwalt. Ich will Ihnen also erzählen, was Rechtsanwälte tun, wenn sie mit Regeln, bürokratischen Formalitäten und Verträgen konfrontiert werden. Sie lernen die Regeln, Formalitäten und Verträge in- und auswendig. Und dann nutzen sie sie. Was können Sie anderes machen? Lernen Sie die Regeln und nutzen Sie sie.

Sie haben Angst davor, verklagt zu werden? Es gibt viele unzulässige Gründe, Mitarbeiter unterschiedlich zu behandeln. Leistung gehört nicht dazu. Solange Sie nachweisen können, dass Belohnungen oder Sanktionen allein auf der Arbeitsleistung der Mitarbeiter beruhen, gibt es keine Grundlage für irgendeine Klage wegen Diskriminierung am Arbeitsplatz. Suchen Sie sich einen Verbündeten, der Ihnen dabei helfen kann, die Regeln zu lernen, und wenden Sie sie dann an. Dieser Jemand sollte aus der Personalabteilung oder der Rechtsabteilung sein. Oder aus der Gleichstellungsbehörde. Oder aus der Gewerkschaft. Oder Ihr Vorgesetzter.

Denken Sie an Folgendes: Selbstverständlich gibt es Dinge, die Sie nicht tun können. Unterlassen Sie sie daher. Wenn Sie sie doch machen, dann handeln Sie sich Probleme ein. Oft können Sie aber Dinge tun, von denen Sie gar nicht wussten, dass Sie sie machen können, bis Sie gelernt haben, wie Sie sie machen müssen. Es gibt so viele Dinge, die Sie tun können. Sie können nicht jedes Hindernis beseitigen. Aber es gibt viele Teillösungen, die sehr viel bewirken.

Der Mythos besteht in dem Glauben, dass die Faktoren, auf die Sie keinen Einfluss haben, Ihnen das Gefühl der Ohnmacht geben.

Wie sieht die Realität aus? Sich auf die Dinge zu konzentrieren, auf die man keinen Einfluss hat, macht selbst die stärkste Person schwach, wohingegen die intensive Konzentration auf die Dinge, die Sie beeinflussen können, Sie stärker macht.

Tatsache ist, dass es sehr viele Dinge gibt, auf die Sie Einfluss haben: Sie, Ihr Mut, Ihre Fertigkeiten und Kompetenzen, Ihre Gewohnheiten und Ihre Zeit. Sie brauchen von niemandem die Genehmigung, um stark zu sein. Sie brauchen von niemandem die Genehmigung, um öfter Vieraugengespräche mit Ihren Mitarbeitern zu führen und über die Leistung jedes Einzelnen zu sprechen. Sie brauchen keine Genehmigung von dritter Seite, um Ihre Mitarbeiter auf Erfolgskurs zu bringen, um auf Schritt und Tritt klare Erwartungen zu formulieren, um Ziele, Richtlinien und Fristen zu klären. Sie brauchen keine Genehmigung, um die Leistung Ihrer Mitarbeiter kontinuierlich zu verfolgen, zu messen und zu dokumentieren. Sie brauchen keine Genehmigung, um kleine Probleme sofort zu beseitigen und zu lösen, bevor sie zu großen Problemen heranwachsen. Sie brauchen keine Genehmigung, um Ihr Bestes zu versuchen, damit Mitarbeiter, die sich besonders anstrengen, eine Belohnung erhalten.

6. Der Mythos des geborenen Führers: Ich bin »nicht gut« in Mitarbeiterführung.

Diesem Mythos liegt die Theorie zugrunde, dass manche Menschen geborene Führer und daher die besten Manager sind, wohingegen andere diese Gabe von Natur aus nicht besitzen und daher nicht so gute Manager sind.

Wie sieht die Realität aus? Viele geborene Führer sind keine besonders guten Manager. Die besten Manager – ob mit angeborenem Führungstalent oder nicht – sind Menschen, die erprobte Techniken erlernen, diese Techniken unablässig praktizieren, bis sie zu Kompetenzen werden, und sie dann weiterhin praktizieren, bis sie zur verinnerlichten Gewohnheit werden.

Gibt es so etwas wie eine angeborene Führungsfähigkeit? Selbstverständlich. Einige Menschen sind geborene Visionäre, sind charismatisch, wortgewandt, bersten vor Ideen und außergewöhnlicher Energie. Sie sind Motivatoren. Sie wecken Begeisterung. Menschen wollen ihnen folgen. Aber das macht aus ihnen nicht unbedingt gute Manager. Oft genug sind diese herausragenden Führungspersönlichkeiten genau dann erfolgreich, wenn sie klug genug sind, herausragende Manager zu engagieren und ihnen den entscheidenden Managementteil der Führungsaufgabe zu übertragen. Tatsächlich ist eine der häufigsten Geschichten, die ich von Managern in einem solchen Umfeld höre, dass der geborene Führer oft in die Abteilungen hereinschneit, die Mitarbeiter ablenkt, sie in Stimmung bringt, ihnen auf die Schulter klopft, willkürliche Entscheidungen trifft, persönliche Loyalität bei den Mitarbeitern aufbaut, Ideen und Gedanken in den Raum wirft, die Hoffnungen und Befürchtungen wecken ... und dann wieder verschwindet und dem Manager die Aufgabe überlässt, das Durcheinander aufzuräumen.

Ich verwende den Begriff »Management« genau deswegen, um den Fokus auf diejenigen Aspekte der Führung zu legen, die profaner, aber absolut unerlässlich sind: die Richtung vorzugeben, Anleitung zu bieten, Mitarbeiter zur Verantwortung zu ziehen, mit Fehlern und Misserfolgen umzugehen und Erfolge zu belohnen. Das sind die grundlegenden Elemente des Managements, an denen es in der heutigen Führung leider viel zu oft mangelt. Und das sind auch bei Weitem die wichtigsten Elemente, um die Mitarbeiterproduktivität und die Qualität ihrer Arbeitsleistung zu steigern und die Mitarbeiter dabei zu unterstützen, das zu erreichen, was sie verdient haben. Ich habe bei der Schulung vieler tausend Menschen die Erfahrung gemacht, dass fast jeder ein wesentlich besserer Manager werden kann. Wie? Indem er sich erprobte Techniken aneignet und diese anschließend übt, übt und übt, bis daraus Kompetenzen (und schließlich Gewohnheiten) werden.

7. Der Mythos der Zeit: Die Zeit reicht nicht, um Mitarbeiter zu führen.

Dieser Mythos entstammt der Tatsache, dass eine Woche nur 168 Stunden hat und unzählige Anforderungen Ihre Zeit in Anspruch nehmen. Neben Ihren Managementverpflichtungen haben Sie schließlich noch Ihre eigenen Aufgaben, Verantwortlichkeiten und Projekte.

Wie sieht die Realität aus? Da Ihre Zeit so begrenzt ist, haben Sie definitiv nicht die Zeit, Ihre Mitarbeiter *nicht* zu führen. Manager, die verzweifelt versuchen, keine Zeit damit zu verschwenden, ihre Mitarbeiter zu führen, verbringen trotzdem jede Menge Zeit damit, die Mitarbeiter zu führen. Das liegt daran, dass die Dinge immer schief laufen, wenn ein Manager sich nicht von Anfang an die Zeit nimmt, dafür zu sorgen, dass alles richtig funktioniert. Kleine Probleme türmen sich zu großen Problemen auf. Oft schwelen kleine Probleme so lange vor sich hin, bis sie so groß sind, dass sie nicht mehr ignoriert werden können. An diesem Punkt hat der Manager gar keine andere Wahl mehr, als der Sache auf den Grund zu gehen und das Problem zu lösen. In einer Krise ist ein Manager mit an Sicherheit grenzender Wahrscheinlichkeit weniger effizient, was eine weitere Zeitverschwendung bedeutet. Und so löschen diese Manager Brandherde, die sich nie hätten entzünden dürfen; sie kämpfen damit, riesige Probleme unter Kontrolle zu bekommen, die an sich leicht lösbar gewesen wären; sie müssen verschwendete Ressourcen wieder einsparen und langfristige Leistungsprobleme bewältigen, und fühlen sich so noch mehr unter Zeitdruck. Das bedeutet höchstwahrscheinlich, dass sie sofort wieder dazu übergehen, ihre Mitarbeiter nicht zu führen, bis das nächste Feuer ausbricht und sie erneut Feuerwehr spielen müssen.

Denken Sie daran, dass die Zeit, die Sie mit Management verbringen, »Zeit mit großer Hebelwirkung« ist. Indem Sie aktiv managen, fördern Sie die Leistungsfähigkeit Ihrer Mitarbeiter. Jedes – sagen wir – 15-minütige Mitarbeitergespräch sollte Ihnen Stunden oder sogar Tage höherer Leistungsfähigkeit des Mitarbeiters einbringen. Wenn das Gespräch effektiv ist, sollten diese 15 Minuten Management die Qualität und das Ergebnis der Arbeit dieses Mitarbeiters für Stunden oder Tage verbessern. Das ist eine gute Rendite – deswegen bezeichne ich sie als »Zeit mit großer Hebelwirkung«.

Wenn Sie Ihre Managementzeit richtig einsetzen und sich kontinuierlich um die grundlegenden Dinge kümmern, dann wird die Zeit, die Sie mit Mitarbeiterführung verbringen, um ein Vielfaches effektiver sein. Sie werden die Ergebnisse sofort sehen können. Die Dinge werden sich sehr schnell verbessern, und Sie werden an anderer Stelle viel Zeit sparen.

Die harten Realitäten der Mitarbeiterführung

Ich weiß, dass aktives Management für die meisten Menschen ein grundlegendes Umdenken bezüglich der Rolle des Managers und der Managementbeziehungen bedeutet. Tatsächlich sagen mir viele Teilnehmer meiner Seminare: »Niemand hat mir das jemals gesagt. Ich habe das Gefühl, Sie hätten mir die Erlaubnis erteilt, zu managen und Chef zu sein. Das ist wie ein frischer Wind.« Natürlich sagen mir viele Teilnehmer auch: »Das sagt einem doch eigentlich der gesunde Menschenverstand. Das sind doch ganz grundlegende Dinge. Manager müssen managen, schlicht und einfach. Was haben wir uns nur gedacht?« Vieles von dem, was ich sage, ist tatsächlich gesunder Menschenverstand. Manager müssen managen.

Das Komische ist, dass ungefähr die Hälfte meiner Teilnehmer genau das Gegenteil sagt (zumindest zu Beginn des Seminars): »Sie müssen verrückt sein. Das widerspricht so gut wie allem, was ich in Managementbüchern gelesen und in anderen Schulungskursen über dieses Thema gelernt habe.« Und sie haben Recht. Nur sehr wenige Menschen sagen, was ich sage.

Die Mitarbeiterführung in der echten Welt ist sehr, sehr schwierig, und da gibt es keine einfachen Lösungen. Ich weiß, dass die meisten Manager unter einem immensen Zeitdruck stehen. Die meisten werden in eine Position mit Mitarbeiterverantwortung befördert, weil sie auf irgendeinem Gebiet Hervorragendes leisten, aber im Allgemeinen nicht deswegen, weil sie gut in Mitarbeiterführung sind. Nach ihrer Beförderung wird kaum ein Manager in effektivem Mitarbeitermanagement geschult. Und die wenigen Bücher und Schulungen, die sie erhalten, vertreten zumeist den Ansatz des falschen Empowerments. Selten widmen sie sich den »harten« Realitäten des Mitarbeitermanagements:

- Sie können nicht nur Superstars einstellen. Sie müssen den besten verfügbaren Mitarbeiter einstellen, und oft befindet sich dieser auf der mittleren Leistungsebene und nicht an der Spitze.
- Wenn Sie Superstars einstellen, dann sind diese meist noch schwerer zu führen als mittelmäßige Mitarbeiter.
- Selbst wenn Sie Ihre Erwartungen klar und deutlich formuliert haben, werden manche Mitarbeiter sie nicht erfüllen.
- Nicht jeder ist ein Sieger. Der richtige Umgang mit Fehlern und Versagen ist ein wichtiger Teil des Managements.
- Mitarbeiter können nicht immer nur auf den Gebieten arbeiten, auf denen sie besondere Stärken haben, weil es alle möglichen Arbeiten zu erledigen gibt, und die Mitarbeiter dafür bezahlt werden, dass sie die anfallenden Arbeiten erledigen.
- Mitarbeiter verdienen nicht immer Lob. Und diejenigen, die Lob verdienen, wollen üblicherweise eine greifbare Belohnung, nicht nur lobende Worte.

Wenn ich in unseren Schulungsseminaren auf dieses Thema zu sprechen komme, nicken viele Manager mit dem Kopf und hören aufmerksam zu. Wenn ich ihnen sage, dass ich keine einfachen Antworten parat habe, weil es nur in Märchen einfache Antworten gibt, nicken noch mehr mit dem Kopf. Dann verspreche ich ihnen, dass ich viele sehr schwierige Lösungen habe, deren Umsetzung eine Menge Mut, Kompetenz, Zeit und Disziplin erfordert. In dem Moment erkennen sie, dass ich ihnen wirklich etwas anzubieten habe. Alles, was ich frustrierten Managern in meinen Seminaren sage, ist, dass sie das nachmachen sollen, was die effektivsten Manager Tag für Tag tun. Ich habe mehrere zehntausend Manager in der echten Welt in nüchternen Techniken eines starken, sehr engagierten, zupackenden Managements unterrichtet. Ich bekomme beinahe täglich Feedback von Managern, die ich geschult habe. Und der Tenor von der Front lautet: Diese Manager holen mehr Leistung aus ihren Mitarbeitern heraus und sie tun mehr für ihre Mitarbeiter, und zwar für jeden Einzelnen, Tag für Tag.

Einer muss der Chef sein – seien Sie ein großartiger Chef!

Einer muss der Chef sein. Besser gesagt: Es ist entscheidend, dass einer der Chef ist. Der Chef ist – auf jeder Ebene – die wichtigste Person in der heutigen Arbeitswelt. Alle stehen unter einem immer größeren Druck. Von Mitarbeitern wird erwartet, dass sie länger, härter, intelligenter, schneller und besser arbeiten. Und Mitarbeiter wollen nicht zu lange auf eine Honorierung ihrer Anstrengungen warten. Sie verlassen sich auf ihren unmittelbaren Vorgesetzten mehr als auf jede andere Person, wenn es darum geht, ihre grundlegenden Bedürfnisse und Erwartungen am Arbeitsplatz zu erfüllen. Sie wollen wissen, was los ist, was man von ihnen erwartet und was sie für ihre harte Arbeit bekommen. Der direkte Vorgesetzte ist der zentrale Ansprechpartner. Und nicht nur das: Er bestimmt auch Tag für Tag, welche Erfahrungen die Mitarbeiter am Arbeitsplatz machen. Über diese Tatsache besteht ein allgemeiner Konsens: In allen Studien ist die Beziehung zwischen den Mitarbeitern und ihrem direkten Vorgesetzten der Hauptfaktor für Produktivität, Arbeitsmoral und Mitarbeiterbindung.

Wonach suchen Mitarbeiter also bei ihrem Vorgesetzten?

Leistungsschwache Mitarbeiter suchen einen passiven Vorgesetzten, der alle gleich behandelt. Sie wollen einen Chef, der nicht weiß, wer eigentlich was, wo, warum, wann und wie macht, der die Abläufe nicht verfolgt und Leistungsprobleme ignoriert. Leistungsschwache Mitarbeiter wollen einen Vorgesetzten, der ihnen nicht sagt, was sie tun müssen und wie sie es tun müssen, und der keine Erwartungen an sie stellt. Sie wollen in Ruhe gelassen werden, damit sie sich verstecken und das gleiche Gehalt kassieren können wie alle anderen, auch wenn ihre Leistungen hinter der Leistung der anderen Mitarbeiter zurückbleiben. Leistungsschwache Mitarbeiter sind die großen Nutznießer des mangelnden Mitarbeitermanagements. Sie fühlen sich zu passiven Managern hingezogen wie die Motten zum Licht.

Leistungsstarke Mitarbeiter wollen dagegen einen Vorgesetzten, der stark und sehr engagiert ist, der seine Mitarbeiter genau kennt und genau weiß, was jeder Einzelne macht. Leistungsstarke Mitarbeiter wollen einen Chef, der sie wissen lässt, dass sie und ihre Arbeit wichtig sind. Sie wollen einen Vorgesetzten, der klare Erwartungen formuliert, der ihnen die Best Practices vermittelt, sie vor Fallstricken warnt, ihnen dabei hilft, kleine Probleme sofort zu lösen, bevor sie zu großen werden, und der sie für außergewöhnliche Anstrengungen belohnt. Leistungsstarke Mitarbeiter wollen einen Vorgesetzten, der leistungsschwache Mitarbeiter aus dem Weg räumt. Sie sind immer auf der Suche nach starken Managern, die sie auf Erfolgskurs bringen und ihnen dadurch helfen, im Job kontinuierlich das zu erreichen, was sie wollen und brauchen. Starke, zupackende Manager haben eine magnetische Wirkung auf leistungsstarke Mitarbeiter.

Was ist mit der überwältigenden Mehrheit der Mitarbeiter, die sich irgendwo im Mittelfeld bewegen? Von ihnen erhalten Sie genau das, was Sie in sie hineinstecken – und zwar beinahe genau in dem Verhältnis, in dem Sie Methoden, Zeit und Energie in ihre Führung investieren.

Wenn Sie passiv sind und alle Mitarbeiter gleich behandeln, behandeln Sie sie als leistungsschwache Mitarbeiter. Damit bringen Sie die meisten von ihnen in eine langsame Abwärtsspirale und locken noch mehr leistungsschwache Mitarbeiter an, die »für Sie« arbeiten möchten. Wenn Sie dagegen stark und sehr engagiert sind, behandeln Sie Ihre Mitarbeiter als leistungsstarke Mitarbeiter. Dann werden Sie die meisten in eine positive Aufwärtsspirale managen. Und leistungsstarke Mitarbeiter werden Ihnen die Tür einrennen, um für Sie arbeiten zu dürfen.

Letztendlich läuft es auf Folgendes hinaus: Welche Art Mitarbeiter wollen Sie? Welche Art Vorgesetzter werden Sie sein?

Seien Sie ein Chef, der sagt: »Tolle Nachrichten – ich bin Ihr Chef! Ich betrachte das als heilige Pflicht. Ich werde dafür sorgen, dass hier alles rund läuft. Ich werde Ihnen dabei helfen, den ganzen Tag über viel Arbeit sehr schnell und sehr gut zu erledigen. Ich bringe Sie auf Erfolgskurs. Ich werde auf Schritt und Tritt Erwartungen formulieren. Ich werde Ihnen bei der Planung helfen. Ich werde mit Ihnen arbeiten, um Ziele, Richtlinien und Anforderungen zu klären. Ich werde Sie dabei unterstützen, wichtige Fristen in kleine Zeitabschnitte mit konkreten Leistungszielen aufzuteilen. Ich werde mit Ihnen betriebliche Standardabläufe durchsprechen. Ich werde Sie immer wieder an Ihre Aufgaben erinnern. Ich werde Ihnen Checklisten und andere Instrumente an die Hand geben. Ich werde Ihnen dabei helfen, Ihre Arbeit und deren Qualität Schritt für Schritt zu verfolgen. Ich werde Sie darin unterstützen, Ihre Erfolge kontinuierlich zu überwachen, zu messen und zu dokumentieren. Ich werde Ihnen dabei helfen, Probleme so schnell wie möglich zu lösen, damit sie nicht vor sich hin schwelen und sich zu handfesten Krisen auswachsen. Ich werde Ihnen dabei helfen, Abkürzungen zu finden, Fallstricke zu vermeiden und die Best Practices zu beachten. Sie können auf mich zählen. Wenn Sie etwas brauchen, dann helfe ich Ihnen dabei, es zu besorgen. Wenn Sie etwas wollen, dann helfe ich Ihnen dabei, es zu erhalten.«

Was Sie im Folgenden lesen, dient dazu, dass Sie die Mythen überwinden und die sehr realen Herausforderungen bewältigen, die das Management heute zu einer so schwierigen Aufgabe machen. Ja, das ist hart. Stellen Sie sich der Herausforderung.

Einer muss der Chef sein. Seien Sie ein großartiger Chef!

Kapitel 2: Machen Sie es sich zur Gewohnheit, jeden Tag zu managen

Sie arbeiten für Ihren Vorgesetzten an einem großen Projekt. Sie haben sich seit Tagen in Ihrem Büro verbarrikadiert, weil Sie versuchen, das Projekt zu Ende zu bringen. Aber das ist nichts Neues. Ihre Mitarbeiter wissen, dass Sie immer wahnsinnig beschäftigt sind. Sie managen dieses Team, das inzwischen aus 16 Mitarbeitern besteht, schon seit mehreren Jahren. Ihre Mitarbeiter wissen, was sie zu tun haben, und daher lassen Sie sie ziemlich in Ruhe, es sei denn, es ereignet sich etwas Außergewöhnliches. Leider geschieht das ständig. Heute zwingt eine Krise Sie dazu, aus Ihrem Büro zu stürmen, und Sie sind entschlossen, diese so schnell wie möglich zu lösen, damit Sie sich wieder Ihrer »echten Arbeit« zuwenden können. Die Lösung des Problems nimmt jedoch fast Ihren ganzen Tag in Anspruch. Als Sie endlich wieder in Ihr Büro zurückkehren können, liegen Sie weit hinter dem Zeitplan.

Wenn Ihnen das bekannt vorkommt, sind Sie nicht der Einzige. Die meisten Manager sind so mit ihrer »eigentlichen Arbeit« beschäftigt, dass sie ihre Managementaufgaben als zusätzliche Last empfinden. Sie scheuen das tägliche Management, wie viele Menschen tägliche Fitnessübungen scheuen. Sie managen nur, wenn es unumgänglich ist. Das Ergebnis ist, dass sie und ihre Mitarbeiter nicht in Form sind und regelmäßig unerwartete Probleme auftauchen. Wenn Probleme außer Kontrolle geraten, können diese Manager ihre Verantwortung nicht länger leugnen und werden plötzlich aktiv. An diesem Punkt haben sie jedoch eine sehr schwere Aufgabe vor sich: Sie versuchen, ohne jede Kondition zehn Kilometer zu laufen.

Ich bezeichne dieses Phänomen – nur zu managen, wenn es gar nicht anders geht – als »Management zu besonderen Gelegenheiten«. Die meisten »besonderen Gelegenheiten« sind große Probleme, die einer Lösung bedürfen, aber es gibt auch andere besondere Gelegenheiten: die Übertragung eines neuen Projekts auf einen Mitarbeiter, die Übermittlung einer von oben diktierten Veränderung an das Team oder die Anerkennung eines großen Erfolgs. Wenn es jedoch keine »besonderen Gelegenheiten« gibt, verzichten die meisten Manager ganz einfach darauf zu managen.

Die einzige Alternative zum »Management zu besonderen Gelegenheiten« besteht darin, eine Gewohnheit daraus zu machen, täglich zu managen.

Das Erste, was Sie jeden Tag tun müssen, ist es, sich selbst zu managen

Würden Sie einen Zehnkilometerlauf antreten, wenn Sie körperlich nicht in Form sind? Nein. Zunächst werden Sie vielleicht damit beginnen, jeden Tag einen Spaziergang zu machen. Nach einigen Wochen gehen Sie vielleicht etwas schneller und länger und Ihre Muskeln beginnen sich zu straffen. Mit der Zeit beginnen Sie zu joggen, und schließlich sind Sie gut genug in Form, um zehn Kilometer zu laufen.

Effektives Management ist ziemlich vergleichbar mit guter körperlicher Kondition. Der schwere Teil besteht darin, es sich zur Gewohnheit zu machen, es jeden Tag zu tun, egal, welche Hindernisse im Weg stehen. Hören Sie also damit auf, sich immer wieder Ausreden auszudenken. Halten Sie sich an Ihre echten Prioritäten. Zwingen Sie sich, es jeden Tag zu praktizieren, als hinge Ihre Gesundheit davon ab.

Beginnen Sie damit, täglich eine Stunde als unantastbare Zeit für das Management zu reservieren. Löschen Sie in dieser Stunde keine Brandherde. Nutzen Sie sie stattdessen für ein vorbeugendes beziehungsweise vorbereitendes Management, bevor irgendetwas richtig, durchschnittlich oder schief läuft. Diese eine Stunde pro Tag dient ausschließlich dem Zweck, in Form zu bleiben – der tägliche Spaziergang sozusagen.

Und was ist, wenn Sie nicht viel Erfahrung haben? Nun, Sie müssen irgendwo anfangen. Was ist, wenn Ihnen eine aktive Mitarbeiterführung keinen Spaß macht? Tun Sie es trotzdem.

Was ist, wenn Sie glauben, Sie seien ein guter Manager? Dann üben, üben und üben Sie, bis Sie noch besser werden. Was ist, wenn Sie sich dabei unwohl fühlen? Dann lernen Sie, damit zu leben. Je mehr Menschen Sie führen, desto wohler werden Sie sich fühlen.

Diese ersten Schritte in Richtung eines effektiven Managements erfordern Disziplin und Mumm. Neue Verhaltensweisen, egal wie gut sie sind, fühlen sich zunächst unangenehm an, bis sie einem zur Gewohnheit werden. Wahrscheinlich empfinden Sie den Verlust Ihrer alten, vertrauten Verhaltensweisen, Ihrer bisherigen Rolle und Ihrer derzeitigen Beziehungen zu Ihren Mitarbeitern. Die Übergangsphase wird schwierig und schmerzhaft werden. Aber wenn Sie es richtig machen, sind es wohltuende Schmerzen. Wie der Schmerz, den Sie bei sportlicher Betätigung in Ihren Muskeln verspüren, macht auch dieser Schmerz Sie stärker. Nachdem Sie sich effektivere Managementgewohnheiten angeeignet haben, müssen Sie immer noch unerwartete Probleme bewältigen, aber das werden keine Probleme sein, die Sie hätten verhindern können. Und Sie müssen in der Mitarbeiterführung nach wie vor viele schwierige Herausforderungen meistern – den gelegentlichen Zehnkilometerlauf. Aber dabei werden Sie in so herausragender Form sein, dass Sie diese Herausforderungen effektiv, mit Vertrauen und Kompetenz bewältigen.

Ja, es wird schwierig werden, aber es funktioniert: Mumm, Disziplin und eine Stunde täglich.

Das Zweite, was Sie jeden Tag tun müssen, ist es, alle anderen zu managen

In einer idealen Welt würden Sie mit jedem einzelnen Mitarbeiter sprechen, der zu Ihren direkten Untergebenen gehört. Sie würden seine Aufgaben mit ihm durchgehen und ihn auf Erfolgskurs bringen. Diese Managementgespräche würden Sie jeden Tag mit jedem Mitarbeiter absolvieren.

Einige Manager favorisieren Teammeetings statt täglicher Einzelgespräche, aber Teammeetings sind dafür kein Ersatz. Wenn Sie sich mit einem Mitarbeiter persönlich zusammensetzen, ihm in die Augen blicken, über Erwartungen sprechen, seine Leistungen abfragen, seine Arbeitsergebnisse überprüfen oder Feedback geben, dann kann sich niemand verstecken. Bei einem Teammeeting kann man sich dagegen viel einfacher verstecken, und das gilt sowohl für jeden einzelnen Mitarbeiter als auch für den Vorgesetzten. Manager fühlen sich oft wohler, wenn sie negatives Feedback oder unangenehme Nachrichten einer ganzen Gruppe mitteilen können anstatt in Einzelgesprächen. Das Problem dabei ist, dass unangenehme Nachrichten oder ein negatives Feedback oft nur ein oder zwei Mitarbeiter betreffen. Das heißt, dass alle anderen irritiert sind und sich beleidigt fühlen. Obendrein kann es passieren, dass diejenige Person, an die Ihre Botschaft eigentlich gerichtet war und die Sie in dieser Gruppenumgebung »managen« wollten, sich überhaupt nicht angesprochen fühlt! Manager berichten mir ständig über Teammeetings, in denen sie Mr. Schlendrian, der ständig zu spät kommt und oft die Pausen überzieht, ins Rampenlicht rücken wollten. Im Meeting verkünden sie: »Das Zuspätkommen muss aufhören. Und jetzt ist auch Schluss damit, die Pausen zu überziehen. Denken Sie daran: Sie haben zwei Mal zehn Minuten Pause, und zehn Minuten sind zehn Minuten.« Die meisten Mitarbeiter sitzen da und sind perplex: »Wovon redet der eigentlich? Ich komme jeden Tag vor der Zeit und mache fast nie Pausen.« Derjenige Mitarbeiter jedoch, an den sich der Manager eigentlich gerichtet hat, sieht ihn an und denkt sich: »Mensch, mach' voran und komm zum Ende. Gleich fängt meine Pause an.«

Außerdem ist es viel schwieriger, in einem Teammeeting auf jeden einzelnen Mitarbeiter einzugehen und sich so auf seine individuelle Arbeit zu konzentrieren, dass es für diesen Mitarbeiter sinnvoll und hilfreich ist. Häufig werden bei Teammeetings Diskussionen über Dinge geführt, die die meisten Teilnehmer gar nicht betreffen und die sie auch gar nicht interessieren. Dagegen werden Details, die für einige von entscheidender Bedeutung sind, unweigerlich ausgelassen. Manchmal sind das Beste, was aus einem Teammeeting entstehen kann, die spontanen Vieraugengespräche, die einem Meeting typischerweise folgen, weil es sich herausgestellt hat, dass solche Einzelgespräche notwendig sind.

Teammeetings haben bei gutem Management selbstverständlich einen Platz. Sie sind ideal, wenn Sie Informationen mitteilen müssen, die das ganze Team betreffen. Und sie sind oft notwendig, wenn viele Menschen in ihren Arbeitsprozessen miteinander verknüpft sind, sodass alle davon profitieren zu hören, was andere machen, welche Probleme sich bei ihren Projekten ergeben etc. Ja, Teammeetings haben ihre Berechtigung. Aber verwechseln Sie das eine nicht mit dem anderen: Ein Teammeeting ist etwas ganz anderes als ein Einzelgespräch.

Wie können Sie es schaffen, jeden Tag sechzehn oder sechzig Menschen zu managen?

Die Kontrollspannen der Manager werden immer größer; die meisten Manager sind für viel zu viele Mitarbeiter verantwortlich. Ohne Zweifel hat das zur Epidemie des mangelnden Mitarbeitermanagements beigetragen. Angesichts der Aufgabe, sechzehn, sechzig oder mehr Mitarbeiter effektiv zu führen, zucken die Manager frustriert mit den Schultern. Sie fragen mich: »Wie soll ich mit jedem einzelnen Mitarbeiter jeden Tag ein Einzelgespräch führen, und das alles innerhalb einer einzigen Stunde?!« Stattdessen verstecken sie sich in ihren Büros, erledigen die erforderlichen Managementformalitäten und betreiben darüber hinaus wenig inhaltliche Mitarbeiterführung. Kein Wunder, dass es so oft zum »Management zu besonderen Gelegenheiten« kommt.

Wenn Sie sich in Ihrem Büro verstecken, erzeugen Sie ein Machtvakuum an der täglichen Managementfront. Und dann laufen Sie in die Falle, die ich als »Leithammelproblem« bezeichne. Selbst ernannte Leithammel tauchen auf und füllen das Vakuum. Oft sind diese Leitfiguren Störenfriede mit guten persönlichen Beziehungen zu anderen Mitarbeitern oder einem gewissen Charisma. Gelegentlich behaupten sie ihre Autorität und ihren Einfluss auf eine Weise, die nur ihren eigenen Interessen dient und teamschädlich ist. Sie sagen den anderen Mitarbeitern: »Mach' mal langsam, sonst sehe ich alt aus.« Manchmal bilden sie Cliquen, setzen andere unter Druck und verbreiten Gerüchte. Meistens sind sie jedoch einfach nur eingebildete mittelmäßige Mitarbeiter, die sich für Spitzenkräfte halten. Sie bieten ihren Kollegen Anleitung, Führung, Richtung und Unterstützung, aber sie führen sie oft in die falsche Richtung.

Haben Sie eine Befehlskette?

Realitätscheck: Sind es wirklich sechzehn oder sechzig Mitarbeiter – oder egal wie viele –, die direkt an Sie berichten? Oder haben Sie eine »Befehlskette«, soll heißen, Mitarbeiter, die ihrerseits Teamleiter sind oder auf andere Weise Aufsicht führen und bestimmte Mitarbeiter Ihres Teams leiten und managen sollen?

Wenn Sie eine Befehlskette haben, müssen Sie sie auch effektiv nutzen. Machen Sie es sich zur Gewohnheit, jeden Tag mit diesen Teamleitern oder Vorarbeitern zu sprechen; konzentrieren Sie sich intensiv darauf, ihnen dabei zu helfen, die Rolle auszufüllen, die sie erfüllen müssen. Bringen Sie ihnen bei, kontinuierlich zu managen, und steuern Sie die Art und Weise, wie sie jeden Schritt managen. Die Ihnen unterstellten Manager oder Gruppen- und Teamleiter müssen sich genauso anstrengen, ein großartiger Chef zu werden, wie Sie es tun.

Wenn Sie keine Befehlskette haben, sollten Sie vielleicht eine einrichten. Zwar ist es am besten, unnötige Managementebenen zu vermeiden, aber wenn Ihnen sechzehn oder sechzig Mitarbeiter unterstehen, können Sie es sich einfach nicht leisten, der einzige Teamleiter zu sein. Pflegen und entwickeln Sie sehr leistungsfähige Mitarbeiter, die zu Ihrem engsten Kreis gehören, Ihre Prioritäten teilen und Ihnen dabei helfen, das Team auf die vorliegenden Aufgaben zu fokussieren. Selbst eine informelle Entwicklung neuer Führungskräfte wird dazu beitragen, dass Sie Ihren Handlungsspielraum vergrößern: Sie können Mitarbeiter als kurzzeitige Projektmanager nutzen und sie in Ihrer Abwesenheit als Stellvertreter einsetzen. Übertragen Sie jedoch niemandem irgendeine Verantwortung – formal oder informell –, solange Sie nicht bereit sind, sich intensiv auf diese Führungskraft zu konzentrieren und deren Managementpraktiken jeden Tag persönlich genau zu überwachen.

Sie müssen jeden Tag Entscheidungen treffen

Egal für wie viele Mitarbeiter Sie verantwortlich sind: Sie müssen jeden Tag Entscheidungen darüber treffen, wie Sie Ihre Managementzeit verwenden wollen.

Von der sehr effektiven Managerin eines großen Krankenhauses habe ich Folgendes über das Treffen von Entscheidungen gelernt: »Ich bin für 32 Krankenschwestern verantwortlich, die direkt an mich berichten, und es gibt keine Befehlskette. Zwölf dieser Krankenschwestern arbeiten regelmäßig in anderen Schichten als ich, und vier arbeiten in einer anderen Einrichtung, die 25 Kilometer entfernt liegt. Ich muss also jeden Tag Entscheidungen treffen.« Was macht sie? »Ich konzentriere mich jeden Tag auf jeweils vier oder fünf Krankenschwestern ... manche nehmen mehr meiner Zeit in Anspruch als andere. Aber die Meetings dauern nie länger als 15 Minuten; sie finden immer im Stehen statt und ich habe immer mein Klemmbrett dabei, um mir Notizen zu machen. Mit ein oder zwei Krankenschwestern muss ich jeden Tag sprechen, aber mit den meisten spreche ich nur ein Mal pro Woche beziehungsweise alle zwei Wochen. Auf diese Weise kann ich mit jeder Krankenschwester ziemlich oft sprechen. Keine von ihnen arbeitet länger als zwei Wochen ohne eines dieser Stehmeetings.«

Was ist mit den Krankenschwestern, die in anderen Schichten arbeiten? »Manchmal telefonieren wir oder korrespondieren per E-Mail. Manchmal hinterlassen wir uns schriftliche Nachrichten. Außerdem sorge ich dafür, dass ich zumindest eine gewisse Zeit auch vor Ort mit ihnen verbringe. Wenn eine Krankenschwester in der Schicht nach mir arbeitet, bleibe ich einmal die Woche etwas länger oder bitte sie, etwas früher zu kommen, damit wir miteinander sprechen können. Wenn meine Schicht zeitlich genau in der entgegengesetzten Tageshälfte liegt, dann komme ich während der Schicht der betreffenden Krankenschwester herein, auch wenn ich eigentlich frei habe.«

Was ist mit den Krankenschwestern, die an anderen Standorten arbeiten? »Da vier meiner Krankenschwestern in unserer anderen Einrichtung arbeiten, habe ich mit jeder einen regelmäßigen Telefontermin eingerichtet, der zwingend vorgeschrieben ist. Vor jedem Anruf sende ich eine E-Mail mit folgendem Text: ‚Hier die Punkte, die wir besprechen müssen ... Bitte bereiten Sie sich für unser Telefonat auf die Themen A, B, C und D vor.' Nach dem Telefonat sende ich eine zusammenfassende E-Mail mit dem Text: ‚Auf diese Punkte haben wir uns verständigt: ...' und füge eine Aufgabenliste bei. Außerdem fahre ich gelegentlich in diese Einrichtung, um persönlich mit ihnen zu sprechen, und dann halten wir kein Kaffeekränzchen, sondern nutzen die Zeit, um Erwartungen zu klären und das Feedback zu verstärken, das ich ihnen gegeben habe.«

Einige Mitarbeiter brauchen mehr Aufmerksamkeit als andere. Es ist nicht immer möglich, jeden Tag mit jedem Mitarbeiter zu sprechen. Sie müssen sich entscheiden, wer Ihre Zielperson sein soll. Machen Sie nicht den Fehler, immer dieselben Zielpersonen auszuwählen. Verteilen Sie Ihre Managementzeit. Einige Mitarbeiter brauchen Sie vielleicht mehr als andere, aber letztlich braucht Sie jeder.

Solange Sie die Gespräche regelmäßig führen, gibt es keinen Grund für lange und überfrachtete Mitarbeitergespräche. Das Ziel ist, diese Einzelgespräche zu einer kurzen, bündigen und einfachen Routine zu machen. Wenn Sie das mit jedem Mitarbeiter erreicht haben, sollten 15 Minuten pro Person ausreichen. So wie alles andere ist auch das ein bewegliches Ziel. Mit der Zeit werden Sie herausfinden, wie viel Zeit Sie für jeden einzelnen Mitarbeiter an bestimmten Tagen brauchen, abhängig von der Person und ihren Aufgaben.

Was ist, wenn die Dinge mit einem bestimmten Mitarbeiter nicht zufriedenstellend laufen? Überlegen Sie, ob Sie mit diesem Mitarbeiter eine Zeitlang täglich sprechen wollen. Machen Sie nicht den Fehler, Stunden mit tränenreichen Verhören, Anklagen oder Beichten zu verbringen. Halten Sie die Meetings kurz und bündig. Es kann gut sein, dass ein Mitarbeiter nicht zu Ihrer Zufriedenheit arbeitet, weil es ihm an Anleitung, Führung und Unterstützung mangelt. Sobald Sie mehr Zeit mit diesem Mitarbeiter verbringen, werden wahrscheinlich 90 Prozent seiner Leistungsdefizite verschwinden, so als hätte es sie nie gegeben.

Was ist mit den leistungsstarken Mitarbeitern? Ist es wirklich notwendig, dass Sie täglich oder auch wöchentlich 15 Minuten mit einem Mitarbeiter verbringen, der eine einwandfreie Leistung erbringt? Vielleicht müssen Sie mit ihm nur alle zwei Wochen sprechen. Wenn Sie allerdings seltener mit ihm sprechen, dann haben Sie eigentlich keine Ahnung, ob er gute Arbeit leistet oder nicht. Alles, was Sie dann wirklich wissen, ist, dass auf Ihrem Radarschirm keine Probleme auftauchen. Wenn Sie also der Meinung sind, dass ein Mitarbeiter gute Arbeit leistet, dann verwenden Sie die 15 Minuten darauf zu überprüfen, ob tatsächlich alles so rund läuft, wie Sie glauben. Wenn das der Fall ist, dann müssen Sie trotzdem mit diesem Mitarbeiter arbeiten; Sie müssen ihn darin unterstützen, noch besser zu werden, ihm positives Feedback geben und ihm die Entwicklungsmöglichkeiten bieten, die er braucht, um glücklich und zufrieden zu sein und nicht über einen Arbeitsplatzwechsel nachzudenken. Auch leistungsstarke Mitarbeiter brauchen Führung!

Sie werden überrascht sein, wie viel Sie in 15 Minuten schaffen. Nehmen Sie irgendeinen Mitarbeiter, mit dem Sie eine Zeitlang nicht ausführlich gesprochen haben, verbringen Sie 15 Minuten mit ihm und stellen Sie ihm prüfende Fragen über seine Arbeit. Fast immer werden Sie dabei eine Überraschung erleben. Sie werden auf Dinge stoßen, die einer Korrektur bedürfen. Sie werden heilfroh sein, dass Sie dieses Gespräch geführt haben. Und Sie sollten schleunigst ein weiteres solches Gespräch führen, und zwar im Abstand von nicht mehr als zwei Wochen.

Bei 15 Minuten pro Gespräch können Sie jeden Tag in einer Stunde vier Gespräche dieser Art führen. Das sind mindestens 20 Meetings pro Woche. Ich wette, das sind weitaus mehr, als Sie in letzter Zeit geschafft haben. Hier einige Tipps, wie Sie am besten damit anfangen.

➤ Konzentrieren Sie sich auf vier bis fünf Mitarbeiter pro Tag.

➤ Halten Sie die Gespräche kurz – nicht mehr als 15 Minuten.

➤ Überlegen Sie, ob Sie die Meetings im Stehen abhalten und ein Klemmbrett dabei haben (damit das Meeting kurz und konzentriert vonstatten geht).

➤ Stellen Sie sicher, dass jeder Mitarbeiter mindestens alle zwei Wochen an einem Meeting teilnimmt.

➤ Wenn Sie Mitarbeiter führen, die in anderen Schichten arbeiten als Sie, dann bleiben Sie länger oder bitten Sie diese, etwas früher zu kommen, um mit ihnen sprechen zu können.

➤ Wenn Sie Mitarbeiter führen, die an anderen Standorten arbeiten, kommunizieren Sie mit ihnen zwischen den Einzelgesprächen regelmäßig und lückenlos per Telefon oder E-Mail.

Diese Taktiken sind vielleicht nicht immer bequem. Tut mir Leid, aber Sie sind nun mal der Chef. Unbequemlichkeit gehört zu Ihrem Job.

Worüber sollten Sie sprechen?

Die grundlegende Aktivität eines Managers ist die Kommunikation. Sprechen Sie immer und grundsätzlich über die Arbeit. Wahren Sie mit jedem Mitarbeiter einen kontinuierlichen Dialog: »Das sind die Dinge, die ich von Ihnen brauche. Was brauchen Sie von mir?«

Sie müssen Ihr zunehmendes Wissen über jeden Mitarbeiter, seine Aufgaben und Verantwortlichkeiten und die Gesamtsituation nutzen, um ihn durch das Gespräch zu leiten. Für jeden Mitarbeiter und an jedem Tag müssen Sie entscheiden, auf welche Themen Sie sich konzentrieren und was Sie sagen wollen. Je mehr Sie das tun, desto zuverlässiger und fundierter wird Ihr Urteil darüber, was machbar ist und was nicht, welche Ressourcen gebraucht werden, welche Probleme auftreten könnten, welche Erwartungen vernünftig sind, welche Ziele und Fristen ehrgeizig genug sind und was als Erfolg oder Misserfolg definiert ist.

Überprüfen Sie die Abläufe regelmäßig, um sicherzustellen, dass dem Mitarbeiter keine Hindernisse im Weg stehen, die ihn davon abhalten, den ganzen Tag sehr schnell sehr gute Arbeit zu leisten. Sie sollten sich selbst fragen: »Gibt es Probleme, die noch nicht aufgedeckt wurden? Probleme, die gelöst werden müssen? Ressourcen, die beschafft werden müssen? Gibt es unklare Anweisungen und Ziele? Ist seit unserem letzten Gespräch irgendetwas passiert, das ich wissen sollte?« Beantworten Sie die Fragen Ihrer Mitarbeiter unverzüglich. Lassen Sie sich ständig Informationen von Ihren Mitarbeitern geben. Finden Sie heraus, welche Erfahrungen Ihre Mitarbeiter an der Front machen. Entwickeln Sie gemeinsam Strategien. Bieten Sie Rat, Unterstützung, Motivation, und – ja – gelegentlich auch Inspiration.

Machen Sie es sich zur Gewohnheit, jeden Tag zu managen

Ich weiß, dass Sie sehr beschäftigt sind. Ich weiß, dass Ihre Zeit begrenzt ist. Sie haben *nicht* genug Zeit. Folglich haben Sie auch *nicht* genug Zeit, um *nicht* zu managen.

Nehmen Sie sich jeden Tag Zeit für Ihre Managementaufgaben – gleich zu Beginn Ihres Arbeitstages oder zu einem anderen Zeitpunkt, der in

Ihren Tagesablauf passt. Machen Sie das zu einer unumstößlichen Angewohnheit. Es ist dasselbe wie tägliche Fitnessübungen. Nehmen Sie sich jeden Tag diese eine Stunde. Drehen Sie diese Runde jeden Tag. Es wird sich beinahe sofort auszahlen. Sie werden in Form kommen. Alles wird besser laufen.

Ja, Sie werden wahrscheinlich schwache Momente, Tage, Wochen oder sogar Monate haben. So sehr Sie sich auch anstrengen, irgendwann werden Sie die Zügel locker lassen. Ihre Mitarbeiter werden das bemerken. Und es wird sehr hart werden, das aktive Management wieder aufzunehmen, nachdem Sie es eine Zeitlang haben schleifen lassen. Schließlich sind Sie auch nur ein Mensch. Was tun Sie also, wenn Sie wieder in Ihre alte, passive Managementhaltung zurückfallen? Versuchen Sie zuallererst, so schnell wie möglich wieder aktiv zu werden. Viele Manager, die eine Durststrecke durchmachen, fühlen sich so schuldbewusst und ängstlich, dass sie wesentlich länger in Passivität verharren, als sie sollten – und das ist ein Fehler. Wenn Sie die Zügel zu locker gelassen oder Ihre aktive, tägliche Routine vernachlässigt haben, oder wenn Sie hinter Ihrem Zeitplan herhinken, dann ist das Einzige, was Sie tun können, so schnell wie möglich wieder zu Ihrer Routine zurückzufinden. Es ist in Ordnung, wenn Sie Ihr Versäumnis in Ihren Mitarbeitergesprächen zugeben. Geloben Sie Besserung.

Gehen Sie wieder an die Arbeit und machen Sie es beim nächsten Mal besser.

Kapitel 3: Lernen Sie zu sprechen wie ein Performance-Coach

Sie verbringen viel Zeit mit Mitarbeitergesprächen, richtig? Sie reden, reden und reden über Gott und die Welt. »Wie war Ihr Wochenende? Wie war die Geburtstagsparty Ihrer Tochter? Haben Sie diese Fernsehsendung gesehen?« Wahrscheinlich sprechen Sie über persönliche Dinge, um eine freundschaftliche Beziehung zu Ihren Mitarbeitern herzustellen. Aber diese Vorgehensweise färbt auf Ihre Managementbeziehung ab; wenn es nämlich um die Arbeit geht, verwässert sie Ihre Autorität. Wenn Sie einem Mitarbeiter eine schwierige Aufgabe übertragen müssen, oder schlimmer noch, wenn es ein Problem mit einem Mitarbeiter gibt, dann legen Sie plötzlich eine andere Gangart ein und beginnen ernst, eindringlich und gelegentlich erregt über die Arbeit zu sprechen. In diesem Moment wird der Mitarbeiter wahrscheinlich sagen: »Moment mal, ich dachte, wir wären Freunde?!« Und die ganze gute Beziehung ist dahin.

Aus diesem Grund bezeichne ich das als »Jekyll-und-Hyde«-Problem. Wenn Sie ein gutes Einvernehmen mit Ihren Mitarbeitern nur herstellen, indem Sie über persönliche Dinge sprechen, so als seien Sie miteinander befreundet, dann müssen Sie plötzlich einen Persönlichkeitswandel vollziehen, wenn das Gespräch eine ernste Wendung nimmt – und das tut es immer. Dann verwandeln Sie sich vom Kumpel in den Boss, zumindest bis sich die Aufregung wieder gelegt hat und Sie wieder der Kumpel sein können. Das Problem ist, dass der Kumpel sich allmählich als leere Fassade erweist und der Boss um Legitimität kämpft.

Reden Sie viel – über die Arbeit

Wenn Sie für Ihre Mitarbeiter ein Kumpel sein wollen, dann gehen Sie mit ihnen nach der Arbeit ein Bier trinken. Aber während der Arbeit müssen Sie der Chef sein. Ihre Aufgabe ist es, dafür zu sorgen, dass sich alle auf die Arbeit konzentrieren und jeder Mitarbeiter jeden Tag sein Bestes gibt. Die gute Nachricht ist, dass der beste Weg, ein gutes Einvernehmen mit Ihren Mitarbeitern herzustellen, in Gesprächen über die Arbeit liegt. Arbeit ist das, was Sie alle gemeinsam haben; tatsächlich ist sie der Grund, warum Sie überhaupt eine Beziehung zueinander haben. Wenn Sie ein gutes Einvernehmen herstellen, indem Sie über die Arbeit sprechen, dann verringern Sie die Gefahr von Konflikten und bilden gleichzeitig eine stabile Beziehung, die mögliche Konflikte überlebt. Sprechen Sie über Arbeit, die erledigt wurde, und Arbeit, die noch vor Ihnen liegt. Sprechen Sie über die Vermeidung von Fallstricken, über mögliche Abkürzungen, über die Beschaffung notwendiger Ressourcen. Sprechen Sie über Ziele, Fristen, Richtlinien und Anforderungen. Sprechen Sie viel – über die Arbeit. Dann wird alles erheblich besser laufen.

Wie sprechen die effektivsten Manager?

Viele Manager sagen mir: »Ich bin kein geborener Führer. Ich bin ...« (Sie können die Leerstelle ausfüllen: Buchhalter, Ingenieur, Arzt etc.). Sie sagen: »Ich manage nicht gerne. Da muss man viele unangenehme Gespräche führen.« In Wirklichkeit sagen solche Manager, dass sie nicht wissen, wie sie mit ihren Mitarbeitern effektiv über die Arbeit sprechen sollen.

Nur die wenigsten Manager besitzen dieses besondere Charisma, die ansteckende Leidenschaft und den Enthusiasmus, die sich auf alle Menschen übertragen, sie inspirieren und motivieren. Was ist mit uns anderen? Sie können vielleicht nicht lernen, wie man Charisma entwickelt, aber Sie können lernen, geradlinig und effektiv über die Arbeit zu sprechen. Sie können lernen, zum richtigen Zeitpunkt und auf die richtige Art und Weise die richtigen Worte gegenüber Ihren Mitarbeitern zu verwenden.

Die effektivsten Manager haben eine besondere Art zu sprechen. Sie nehmen dabei ein besonderes Auftreten, eine besondere Haltung und einen besonderen Ton an. Sie haben eine Art zu sprechen, die sowohl autoritär als auch empathisch ist, fordernd und fördernd, diszipliniert und geduldig. Das ist die Art der Kommunikation, die weder der des Kumpels noch der des Bosses entspricht; sie liegt vielmehr genau in der Mitte. Eine solche besondere Form der Kommunikation ähnelt stark dem Performance-Coaching.

»Ich hatte selbst nie einen herausragenden Coach«, sagen mir Manager manchmal. »Folglich weiß ich nicht, wie Coaching klingt.« Ich kann es Ihnen beschreiben: Die Stimme eines Performance-Coaches ist beharrlich und gleichbleibend, absolut methodisch und zupackend, enthusiastisch und drängend – ein konstanter Aufruf zur Fokussierung, Verbesserung und Verantwortlichkeit. Denken Sie an den besten Vorgesetzten, den Sie je hatten, oder an den besten Lehrer, Jugendbetreuer oder Pastor. Erinnern Sie sich an den Klang seiner Stimme, seinen Tonfall, seine Aufrichtigkeit, seine Klarheit. Erinnern Sie sich an die Wirkung, die diese Person auf Sie hatte.

Wenn ich an Performance-Coaching denke, fällt mir Frank Gorman ein – der beste Lehrer, den ich je kennengelernt habe und ein echter Über-Coach. Seit ich ihn kenne, konzentriert sich Frank auf eines: Karate. Er verfügt über ein besonderes Charisma, die Leidenschaft und den Enthusiasmus, der starke Führungspersönlichkeiten auszeichnet. Er ist ein Meister darin, Menschen dazu zu bringen, dass sie seinen Fokus teilen und stundenlang intensiv auf ein kurzfristiges Ziel hinarbeiten, ohne auch nur den geringsten Gedanken an eine Pause zu verschwenden. Wie macht er das?

»Das Einzige, worauf es ankommt, sind deine Daumen«, wiederholte Frank mir gegenüber wochenlang. »Zieh deine Daumen ein, press sie eng an deine Handflächen, so hart, dass die Sehnen an deinen Unterarmen heraustreten.« An dieser Stelle begann ich üblicherweise zu schwitzen und mich bis zur körperlichen Erschöpfung zu verspannen; ich versuchte, meine Augen geradeaus zu richten, das Kinn gesenkt, die Schultern zurück, die Ellenbogen eng am Körper, der Rücken gerade, die Hüften straff, die Füße in den Boden gestemmt und eine Drehung vollziehend, um die Beinmuskulatur anzuspannen. Und Frank Gorman schrie in einer Art Flüsterton: »Deine Daumen; zieh deine Daumen ein ... das Einzige, worauf es ankommt, sind deine Daumen.«

Dann war eines Tages das Einzige, was zählte ... irgendetwas anderes: meine Augen, mein Kinn, meine Schultern und so weiter. Vor einigen Jahren fragte ich schließlich: »Wie können meine Daumen das Einzige sein, was beim Karate zählt? Wie kann das sein, wo sich die Dinge, auf die es ankommt, ständig verändern? Es ist doch immer etwas anderes!« Frank lächelte und erwiderte: »Niemand kann Karate an einem Tag oder in einem Jahr lernen. Alles was wir haben, ist das Heute. Was kann ich dir jetzt gerade beibringen? Worauf kannst du dich jetzt gerade konzentrieren? Was kannst du jetzt gerade verbessern? Das Einzige, was zählt, ist, *was wir jetzt gerade tun.*«

Das habe ich von Frank gelernt: Die unerschütterliche Macht Ihrer beharrlichen Stimme lässt der Person, die Sie coachen, keine andere Wahl, als sich genau auf das zu konzentrieren, was sie in diesem Moment gerade macht. Für diejenigen, die auf diese Weise gecoacht werden, sind das immense Anforderungen, aber der Lohn ist gewaltig. Wenn Sie andere Menschen derart zum Erfolg coachen, dann haben sie keine andere Wahl, als sich in ihre Arbeit zu »versenken«, weil Sie, wie nur wenige andere in ihrem Leben, von ihnen verlangen, dass sie herausragend sind. Sie erinnern sie daran, bewusst und sorgfältig auf jedes einzelne Detail zu achten. Sie helfen ihnen dabei, ihre Fähigkeiten Tag für Tag und Schritt für Schritt zu verbessern. Indem sie von außen fokussiert werden, lernen sie, sich selbst zu fokussieren. Sie werden in allem, was sie tun, zu Trägern des Schwarzen Gürtels. Vielleicht werden sie noch lange, nachdem sie aufgehört haben, für Sie zu arbeiten, Ihre Stimme und Ihr konstantes Feedback in den Ohren haben. »Das Einzige, was zählt, ist das, was Sie hier und jetzt tun.«

Offensichtlich verfügen einige Menschen über ein größeres natürliches Coaching-Talent als andere. Aber zu sprechen wie ein Coach ist etwas, dass man lernen kann. Sollten Sie einen Performance-Coach nachahmen, den Sie in der Vergangenheit kennengelernt haben? Ja. Versuchen Sie es. Das ist ein ausgezeichneter Ausgangspunkt. Mit der Zeit werden Sie dann Ihren eigenen Stil entwickeln.

Sie müssen keine Schlachtrufe loslassen

Manchmal machen sich Manager Sorgen, sie würden nicht echt, sondern irgendwie gekünstelt klingen, wenn sie wie ein Performance-Coach sprechen. Der Manager einer Softwarefirma drückte es so aus: »Auf gar keinen Fall werde ich im Büro herumgehen und ‚Zickezacke, zickezacke, hoi, hoi, hoi!' rufen. Ich bin einfach kein Coaching-Typ.«

Dabei hat Performance-Coaching sehr wenig mit Schlachtrufen zu tun. Das ist einfach nur eine mögliche Technik. Und hier die wirklich gute Nachricht: Um effektiv zu sein, darf Coaching gar nicht gekünstelt sein; es muss völlig authentisch sein. Oft ist es so authentisch, dass Sie selbst gar nicht merken, dass Sie es gerade tun.

Dasselbe habe ich dem Softwaremanager geantwortet. Dann bat ich ihn, sich an einige seiner besten Managementhandlungen im Verlauf des Jahres zu erinnern. Als er begann, einige seiner Highlights zu beschreiben, breitete sich langsam ein Lächeln über seinem Gesicht aus. Was meinen Sie? Seine Beschreibung klang ziemlich genau wie Performance-Coaching. »Ich dachte wirklich über die Person als Individuum nach. Wo kam sie her? Ich bemühte mich sehr darum, mich auf ihre Leistung zu konzentrieren, und nicht auf die Person. Ich wählte meine Worte mit größter Sorgfalt. Ich wollte ganz deutlich machen, was ich bereits über die Situation wusste und was ich nicht wusste. Ich stellte Fragen, drängte dabei aber stark in Richtung konkreter nächster Schritte. Wir befanden uns mitten in einem Projekt, also bemühte ich mich, ganz genau zu formulieren, was dieser Mitarbeiter richtig gemacht hatte und was er nicht richtig machte. Anschließend erarbeiteten wir gemeinsam einen detaillierten Plan über die nächsten Schritte und ich überprüfte regelmäßig deren Fortschritt, einen Schritt nach dem anderen, bis sie alle erledigt waren.«

Das ist exakt die Art und Weise, wie ein Performance-Coach spricht:

➤ Stellen Sie sich auf die Person ein, die Sie coachen.

➤ Fokussieren Sie sich auf konkrete Beispiele ihrer individuellen Leistung.

➤ Beschreiben Sie ihre Leistung ehrlich und anschaulich.

➤ Entwickeln Sie konkrete nächste Schritte.

Warten Sie mit dem Coachen nicht, bis Probleme auftreten

Zu Beginn unserer Arbeit mit Managern haben wir erfahren, dass manche Manager das Coaching meisterhaft beherrschen, die meisten jedoch keine herausragenden Coaches sind. Aber egal, ob sie nun gute oder weniger gute Coaches waren – eines wurde klar: Wenn es um Mitarbeiterführung geht, hängt ein Großteil der tatsächlichen Wirkung von diesen Coaching-Gesprächen ab.

Das Problem ist, dass die meisten Manager nur dann coachen, wenn sie auf Probleme stoßen, die immer wiederkehren, zum Beispiel überzogene Fristen oder schlechte Arbeitsqualität oder Verhaltensweisen wie eine negative Einstellung gegenüber Kunden oder Kollegen. Wenn es so aussieht, als löse sich das Problem nicht von allein, beschließt der Manager, den betreffenden Mitarbeiter in sein Büro zu bitten und ihn zu coachen: »Ihre Leistung bietet Anlass zur Kritik, und wir müssen uns einige Male zusammensetzen, bis ‚wir' Ihr Problem beseitigt haben.«

An diesem Punkt entstehen wahrscheinlich schlechte Gefühle. Der Manager denkt sich vielleicht: »Was ist eigentlich dein Problem?!«

und der Mitarbeiter denkt sich: »Mann, warum hast du mich nicht früher angesprochen?« Oft bestehen die einzigen nächsten Schritte, die der Vorgesetzte hervorbringt, in der Aufforderung: »Machen Sie das nicht noch mal.« Und dann fragen sich beide insgeheim, wann das Problem wohl erneut auftreten wird. Vergessen Sie eines nicht: Wenn es sich um ein wiederkehrendes Problem handelt, dann liegt das wahrscheinlich daran, dass der Mitarbeiter entweder nicht weiß, was er tun muss, um das Problem zu vermeiden, oder er hat sich eine oder mehrere schlechte Angewohnheiten zugelegt, die dazu führen werden, dass dasselbe Problem erneut auftreten wird.

Wenn ein Problem erneut auftritt, ist es zu spät, um mit dem Coachen zu beginnen. Coaching sollte vorbeugend erfolgen, damit Sie Ihren Mitarbeiter auf Erfolgskurs bringen können. Wenn Sie zum Beispiel einen Mitarbeiter haben, der chronisch jede Frist überzieht, dann warten Sie mit dem Coaching nicht, bis er die Frist erneut verpasst. Beginnen Sie mit dem Coaching, wenn die Frist erstmalig gesetzt wird. Helfen Sie ihm, unmittelbare Teilschritte festzulegen, zum Beispiel bestimmte Teilfristen über den gesamten Zeitraum. Bei jedem Schritt auf diesem Weg müssen Sie dem Mitarbeiter helfen, einen Plan zu erstellen, um diese Teilfristen einzuhalten. Und überprüfen Sie den Fortschritt häufig. Sprechen Sie mit dem Mitarbeiter vorab über das Erreichen eines jeden Schritts. Wenn Sie das machen, wird der Mitarbeiter seine Fristen zu 99 Prozent einhalten.

Unterbrechen Sie das Coaching, wenn Probleme auftreten; coachen Sie Ihre Mitarbeiter, wenn sie überdurchschnittlich gute oder durchschnittliche Leistung erbringen. Coachen Sie sie auf Schritt und Tritt, und helfen Sie ihnen, gute Angewohnheiten zu entwickeln, bevor sie die Chance haben, sich schlechte zuzulegen.

Holen Sie außergewöhnliche Leistung aus gewöhnlichen Mitarbeitern

Ich hatte die riesige Ehre, im Verlauf der Jahre mit zahlreichen Führungskräften der US-Army zu arbeiten. Eines der verblüffenden

Dinge am Militär ist seine bemerkenswerte Fähigkeit, einer riesigen Zahl an jungen und relativ unerfahrenen Menschen beizubringen, effektive Führungskräfte zu werden. Nehmen Sie zum Beispiel die Marines. Das Verhältnis zwischen Offizieren und angeworbenen Soldaten beträgt eins zu neun; die Marines sind also gezwungenermaßen stark von angeworbenen Führungskräften abhängig. Fast immer ist etwa einer von acht Marines ein Unteroffizier, der für ein sogenanntes »Fireteam« – die kleinste Gruppeneinheit – von drei Marines verantwortlich ist. Das Marine Corps macht aus gewöhnlichen Neunzehnjährigen tagtäglich effektive Führungskräfte. Wie gelingt das?

Neue Rekruten werden vom ersten Tag an offensiv gecoacht. In einem Ausbildungslager wird den neuen Marines dreizehn Wochen lang jeden Tag, von morgens früh bis abends spät genau gesagt, was sie tun müssen und wie sie es tun müssen. Ihre Leistung wird auf Schritt und Tritt überwacht, gemessen und dokumentiert. Probleme werden nicht toleriert, und selbst die geringste Belohnung muss durch harte Arbeit erkämpft werden. Nach dem Ausbildungslager werden die Marines weiterhin jeden Tag offensiv, gründlich und wohlüberlegt gecoacht.

Bei der Ausbildung neuer Führungskräfte unter den angeworbenen Soldaten geht das Marine Corps wie bei allem anderen überaus methodisch vor. Die Marines erhalten eine Schulung in den Techniken des Performance-Coachings, bevor sie zu Unteroffizieren ernannt werden. Sie lernen, sich auf jeden einzelnen Soldaten einzustellen, konstantes Feedback über die individuelle Leistung zu erteilen und Schritt-für-Schritt-Anleitungen zur Verbesserung zu geben. Der neue Unteroffizier übernimmt die volle Verantwortung für seine Einheit; er weiß genau, wer was, wo, warum, wann und wie macht. Er formuliert Erwartungen und löst Probleme unverzüglich nach deren Auftreten. Der Unteroffizier kümmert sich um seine Marines. Das führt dazu, dass der durchschnittliche Unteroffizier der Marines mit 19 Jahren ein besserer Manager ist als die meisten hochrangigen Manager mit jahrzehntelanger Erfahrung.

»Wir müssen außergewöhnliche Leistungen aus gewöhnlichen Menschen herausholen«, sagte mir ein Marine. »Der einzige Weg, das zu erreichen, besteht darin, diese Leistung durch unablässige direkte Führung bis hinunter auf die unterste Ebene jeden Tag aus jedem Einzelnen herauszuzwingen.«

Sie nennen das unablässige direkte Führung. Ich bezeichne es als Performance-Coaching. Lernen Sie, wie ein Performance-Coach zu sprechen, und zwingen Sie außergewöhnliche Leistungen aus jedem Mitarbeiter heraus.

Kapitel 4: Nehmen Sie sich jeden Mitarbeiter einzeln vor

Sie blicken bei Ihrem monatlichen Teammeeting in die Runde und betrachten die Mitarbeiter Ihres Teams. Es ist erstaunlich, wie unterschiedlich sie sind. Sam ist ein kreativer Typ, Mary ist analytisch, Joe ist kontaktfreudig, Chris dagegen schüchtern. Harold ist überaus fähig, aber leicht ablenkbar. Bob ist wirklich enthusiastisch, aber hat noch nicht die Erfahrung, um mithalten zu können. Rita ist total fokussiert, aber nicht immer auf die richtigen Dinge. Juanita ist eine Perfektionistin, braucht aber für alles eine Ewigkeit. Wenn die einzelnen Mitarbeiter den monatlichen Statusbericht über ihre jeweilige Tätigkeit ablegen, passen Sie genau auf, weil Sie in Kürze für jeden Einzelnen die Jahresbeurteilung vorbereiten müssen. Die meisten im Team leisten sehr gute Arbeit. Mary und Joe sind wie üblich besonders gut. Chris und Harold haben dagegen Probleme.

Jeder Mitarbeiter ist anders, und dennoch wenden die meisten Manager für das Management ihrer Mitarbeiter denselben einheitlichen Ansatz an. Egal welche Technik sie anwenden – Wochenberichte, monatliche Teambesprechungen oder Jahresbeurteilungen –, selten ist sie auf das jeweilige Individuum abgestimmt, das mit diesen Techniken gemanagt werden soll. Stattdessen basieren die Techniken auf den Gepflogenheiten, die in der Organisation vorherrschen, und dem jeweiligen Stil des Managers. Ich nenne das »Einheitsgrößen-Management«. Egal welcher Einheitsansatz von Fall zu Fall zur Anwendung kommt: Für einige Mitarbeiter bewährt er sich, und für andere weniger. Diejenigen, die sich mit diesem Ansatz gut steuern lassen, erscheinen als sehr leistungsfähige Mitarbeiter, während diejenigen, die darauf nicht ansprechen, als leistungsschwach gelten. Statt jeden einzelnen Mitarbeiter auf Erfolgskurs zu bringen, managt der Vorgesetzte jeden auf dieselbe Art und Weise, unabhängig von den Bedürfnissen der einzelnen Mitarbeiter – komme da, was wolle. Aber wenden Sie denn für die Wartung eines Autos dieselbe Methode an wie für einen Toaster? Selbstverständlich nicht. Sie passen die Wartung und Pflege den Erfordernissen des jeweiligen Geräts an. Warum also nicht auch den Managementansatz zur Mitarbeiterführung an deren individuelle Bedürfnisse anpassen? Jeder Mensch ist anders. Handeln Sie entsprechend.

Finden Sie heraus, welche Methode bei jedem einzelnen Mitarbeiter wirkt

Alle Ihre Mitarbeiter kommen mit unterschiedlich ausgeprägten Fähigkeiten und Fertigkeiten ins Unternehmen: mit einem unterschiedlichen Hintergrund, unterschiedlichen Persönlichkeiten, Stilen, Kommunikationsmethoden, Arbeitsgewohnheiten und Motivationen. Einige brauchen mehr Anleitung als andere. Ein Mitarbeiter braucht es, dass man ihm jedes Detail verklickert, ein anderer hat alle Details im Kopf. Einer reagiert am besten auf Fragen, ein anderer zieht es vor, dass Sie ihm die Antworten geben. Einige brauchen immer wieder Erinnerungen, wohingegen Sie andere nur ein Mal pro Woche überprüfen müssen. Es gibt nur einen Weg, um mit dieser unglaublichen Verschiedenartigkeit Ihrer Belegschaft klar zu kommen: Sie müssen herauszufinden, welche Methode bei jedem einzelnen Mitarbeiter wirkt – und dann Ihren Managementstil daran anpassen.

Gestalten Sie Ihr Mitarbeitermanagement individuell

Ich empfehle Ihnen nicht etwa, dass Sie sich an die Launen und Marotten eines jeden Mitarbeiters anpassen sollen – wobei Marotten nicht grundsätzlich schlecht sind. Wenn Sie die Marotten eines Mitarbeiters kennen, dann wissen Sie, was diese Person will, und Sie lernen, das für sich zu nutzen. Oder empfehle ich Ihnen, Ihre Mitarbeiter »zu verhätscheln«? Nein. Wenn ein Mitarbeiter es allerdings braucht, dass Sie ihm die Hand halten und ihm seine Aufgaben mit dem Löffel eintrichtern, dann müssen Sie das wissen. Letztlich müssen Sie entscheiden, ob Sie bereit sind, das zu tun. Aber tun Sie nicht so, als ob er es nicht bräuchte. Und schließlich plädiere ich auch nicht dafür, dass Sie jeden einzelnen Mitarbeiter fragen, wie er denn bitte schön gemanagt werden möchte. Was ein Mitarbeiter von Ihnen möchte, ist nicht unbedingt das, was er braucht. Versuchen Sie doch beispielsweise mal einen hartnäckig leistungsschwachen Mitarbeiter zu fragen, ob er ein Feedback auf seine Leistung möchte. Wahrscheinlich wird er antworten: »Feedback? Nein danke, brauche ich nicht.« Oft glauben Mitarbeiter, sie wüssten, was sie von Ihnen wollen, aber tatsächlich wissen sie es oft nicht, bis sie es bekommen und es zu wirken beginnt.

Der einzige Weg, um zu lernen, was bei jedem Mitarbeiter wirklich funktioniert, besteht darin, es auszuprobieren und aktiv zu managen. Die Einzelgespräche sind ein Weg dorthin. Wenn Sie damit beginnen, Einzelgespräche zu führen, werden Ihnen die Unterschiede zwischen Ihren Mitarbeitern geradezu ins Gesicht springen. Während Sie mit jedem einzelnen Mitarbeiter sprechen, versuchen Sie, sich auf ihn einzustellen und Ihren Ansatz so anzupassen, wie Sie einen Radiosender suchen. Achten Sie bewusst darauf, wie Sie Ihren Ansatz verändern und beobachten Sie sorgfältig die Effekte, die jede Veränderung auf jeden Mitarbeiter und seine Leistung hat. Und denken Sie daran, dass Sie konstant Anpassungen vornehmen müssen, weil sich die Menschen im Lauf der Zeit verändern und weiterentwickeln.

Der beste Weg zur Feinabstimmung Ihres Ansatzes auf jeden Mitarbeiter besteht darin, sich kontinuierlich sechs Schlüsselfragen über jeden Mitarbeiter zu stellen:

- ▸ Wer ist dieser Mitarbeiter am Arbeitsplatz?
- ▸ Warum muss ich diesen Mitarbeiter managen?

➤ Worüber sollte ich mit diesem Mitarbeiter sprechen?
➤ Wie sollte ich mit diesem Mitarbeiter sprechen?
➤ Wo soll ich mit diesem Mitarbeiter sprechen?
➤ Wann soll ich mit diesem Mitarbeiter sprechen?

Zusammen ergeben diese sechs Fragen eines der wirkungsvollsten Managementinstrumente, die ich kenne – ich bezeichne das als »Individualisierungslinse«. Wenn Sie sich darauf konzentrieren, sich stets diese Fragen zu stellen und zu beantworten, dann kommen Sie gar nicht umhin, Ihren Ansatz an jeden einzelnen Mitarbeiter individuell anzupassen. Fangen Sie an, die Fragen zu stellen und zu beantworten, und Sie werden sehen, was ich meine.

Wer ist dieser Mitarbeiter am Arbeitsplatz?

Keine Sorge: Sie müssen sich nicht fragen, was für ein Mensch dieser Mitarbeiter tief in seinem Innersten ist, wie sein Geist und Verstand beschaffen sind oder was seine innere Motivation ist. Tatsächlich sollten Sie das nicht einmal versuchen. Dazu sind Sie nicht qualifiziert, es sei denn, Sie wären Psychotherapeut oder Psychoanalytiker oder verfügten über einen sechsten Sinn. Konzentrieren Sie sich darauf herauszufinden, was für eine Person der Mitarbeiter am Arbeitsplatz ist. Das ist mehr als genug.

Schätzen Sie seine grundlegenden Stärken und Schwächen als Mitarbeiter ein. Betrachten Sie seine Aufgaben und Verantwortlichkeiten. Wie ist die Arbeit beschaffen, die er leistet? Bewerten Sie seine Leistungsbilanz. Ist die Person einer Ihrer leistungsstarken, durchschnittlichen oder leistungsschwachen Mitarbeiter? Ist er produktiv? Leistet er Qualitätsarbeit? Denken Sie über seinen beruflichen Hintergrund und seine wahrscheinliche Karrierezukunft nach. Seit wann arbeitet er schon in Ihrem Unternehmen? Wie lange wird er wahrscheinlich bleiben? Betrachten Sie seine soziale Rolle im Unternehmen. Ist er eher ein energiegeladener oder ein antriebsschwacher Mensch? Ein Enthusiast oder Verweigerer? Wird er geschätzt? Ist er kommunikativ? Genießt er bei anderen Mitarbeitern ein hohes oder niedriges Ansehen?

Oft fragen mich Manager: »Wie viel muss ich über das Privatleben meiner Mitarbeiter wissen?« Meine Antwort: Sie müssen genug wissen, um höflich zu sein. Sie sollten wissen, dass der Mitarbeiter zwei Kinder hat. Es wäre eine nette Geste, wenn Sie ungefähr wüssten, wie alt seine Kinder sind. Es wäre besonders nett, wenn Sie sich die Namen der Kinder merken würden. Aber Sie brauchen wirklich nicht deren Geburtstage auswendig zu lernen oder ihre Fotos in Ihrer Brieftasche zu haben.

Sie sollten wissen, wie sich das Privatleben Ihrer Mitarbeiter auf ihre Rolle am Arbeitsplatz auswirkt. Beeinträchtigt sein häusliches Leben seine Zeitplanung? Seine Energie? Seine Konzentration? Und so weiter. Die Wahrheit ist, dass viele Mitarbeiter ihre persönlichen Probleme zu Hause lassen ... allerdings nicht alle.

Vor nicht allzu langer Zeit hatte ich eine Nachbesprechung mit der Topmanagerin eines Hotels, nachdem ich den ganzen Tag eine Gruppe ihrer Manager geschult hatte. Sie fragte mich sofort, was ich von der leitenden Hausdame hielte, einer jungen Frau in den Zwanzigern, die während des Seminars offensichtlich nicht ganz auf der Höhe war. Ich will sie hier Alice nennen. Als leitende Hausdame sollte Alice ein Team aus acht Hausdamen führen.

Ich hatte ungefähr acht Stunden lang beobachtet, wie Alice ins Leere starrte. Obwohl sie kaum am Seminar teilgenommen hatte, äußerte sie – wenn sie sprach – mit leiser, undeutlicher Stimme unzusammenhängende, unlogische Sätze und verschwand anschließend auf der Damentoilette. Was ich von ihr hielt? »Wenn ihr Verhalten bei der Arbeit auch nur annähernd ihrem Verhalten während des Seminars ähnelt«, so antwortete ich, »dann würde ich mir über ihre Abteilung große Sorgen machen.« Daraufhin erzählte mir die Topmanagerin, Alice habe sehr ernsthafte familiäre Probleme, die mit Unterbrechungen offensichtlich immer wieder akut wurden. Wenn sie gerade nicht akut waren, war Alice eine ihrer besten Mitarbeiterinnen und eine besonders sorgfältige Managerin. Aber jedes Mal, wenn die Probleme wieder auftauchten, war sie völlig unberechenbar und chaotisch. Sie kam zu spät und ging zu früh und verschwand während der Arbeitszeit für Stunden. Sie war abgelenkt, antriebslos und kaum in der Lage zu kommunizieren.

»Ich bin erstaunt, dass sie das Seminar überhaupt durchgestanden hat«, gestand mir Alices Vorgesetzte. »Sie tut uns allen Leid. Vor einigen Jahren verhalf ich ihr mithilfe von Mitarbeitersozialleistungen zu einer Therapie, wofür sie wirklich dankbar war. Dann ging es eine Weile besser ... aber dann ging das Ganze wieder von vorne los ... anschließend ging es wieder besser ... und nun ist es schon wieder so schlimm.« Das ging nun schon seit Jahren so. Und dann kam die Pointe: »Es geht mich eigentlich nichts an, was Alice in ihrem Privatleben macht, oder? Ich kann sie nicht entlassen, nur weil sie zu Hause Probleme hat, oder?«

Die Dinge klären sich, wenn man diese sehr komplizierte Fragestellung klar und einfach auf den Punkt bringt. Die Frage ist nicht, ob ein Mitarbeiter oder eine Mitarbeiterin zu Hause Probleme hat, sondern, welche Person er oder sie am Arbeitsplatz ist. In der Arbeit war Alice überaus unbeständig. In manchen Zeiten war sie eine herausragende Mitarbeiterin, dann wieder war sie äußerst leistungsschwach. Wie sollte sich Alices Vorgesetzte verhalten? Eine der Optionen, die ich vorschlug, bestand darin, Alice in ihren guten Zeiten wie eine leistungsstarke und in ihren schlechten Zeiten wie eine leistungsschwache Mitarbeiterin zu managen. Alice in ihren leistungsschwachen Phasen zu managen, damit sie auch in diesen Zeiten dem Unternehmensstandard entsprach, würde große Anstrengungen und viel Aufwand erfordern, den ihre Vorgesetzte unter Umständen nicht leisten konnte – vor allem, weil Alice selbst eine Managementposition ausübte. Am Ende wurde der Hotelmanagerin klar, dass sie sich keine Managerin leisten konnte, deren Leistungen so unbeständig waren, vor allem, da die Leistungen sich so gravierend verschlechterten, wenn die häuslichen Probleme zunahmen. Am folgenden Tag traf sie die Entscheidung, Alice zu entlassen – nicht, weil Alice zu Hause Probleme hatte, sondern aufgrund ihres Verhaltens am Arbeitsplatz.

Vielleicht denken Sie: »Alice ist ein Sonderfall«. Jeder Mitarbeiter ist ein Sonderfall. Wenn Sie nicht wissen, was einen Ihrer Mitarbeiter zu einem Sonderfall macht, dann tun Sie gut daran, es herauszufinden. Fragen Sie sich: »Wer ist dieser Mitarbeiter am Arbeitsplatz?«

▸ Schätzen Sie die grundlegenden Stärken und Schwächen eines jeden Mitarbeiters ein.

▸ Betrachten Sie die Rolle, die jeder Mitarbeiter an seinem Arbeitsplatz spielt.

▸ Finden Sie heraus, wie sich häusliche Probleme auf die Rolle Ihrer Mitarbeiter am Arbeitsplatz auswirken.

▸ Managen Sie das Ich, das jeder Mitarbeiter am Arbeitsplatz einbringt.

Warum muss ich diesen Mitarbeiter managen?

Der Schlüssel zur Beantwortung der Frage liegt in einem klaren Verständnis Ihrer Ziele für das Management jedes einzelnen Mitarbeiters und der Erwartungen, die Sie an ihn stellen. Soll er mehr arbeiten? Soll er bessere Arbeit leisten? Soll er sein Verhalten ändern? Es gibt Mitarbeiter, die machen überhaupt nichts, wenn Sie ihnen nicht jeden Tag aufs Neue eine Aufgabenliste geben. Andere machen vielleicht alles falsch, wenn Sie mit ihnen nicht genau besprechen, wie die anstehenden Aufgaben erledigt werden sollen. Einige Mitarbeiter brauchen eine halbe Ewigkeit für jede Aufgabe, wenn Sie ihnen nicht zeigen, wie es auch schneller geht.

Egal wie Ihre Gründe für das Management Ihrer Mitarbeiter lauten: Machen Sie nicht den Fehler zu glauben, einige seien so talentiert, kompetent und motiviert, dass sie gar nicht gemanagt werden müssen. Selbst Superstars brauchen Management. Wie jeder andere auch, haben Superstars schlechte Tage, steuern manchmal in die falsche Richtung, treffen Fehlurteile oder sind vielleicht nicht immer ganz integer. Selbst Superstars brauchen Anleitung, Führung, Unterstützung und Ansporn. Sie brauchen Herausforderung und Entwicklung. Dazu kommt, dass Superstars oft wissen wollen, ob jemand ihre herausragende Arbeit verfolgt und nach Wegen sucht, um sie zu belohnen.

Manchmal sagen mir Manager: »Dieser Superstar ist anders. Er ist so talentiert, kompetent und motiviert, dass ich ihm nichts bieten kann.« Wenn das wirklich der Fall ist, heißt das nicht, dass dieser Mitarbeiter keinen Vorgesetzten braucht. Es heißt nur, dass vielleicht nicht *Sie* sein Vorgesetzter oder seine Vorgesetzte sein sollten. Wenn dem so ist, dann sollten Sie ihn vielleicht befördern und einem Vorgesetzten unterstellen, der ihm etwas bieten kann, oder Sie verändern Ihre Beziehung zu dem Mitarbeiter und arbeiten mit ihm auf Partnerebene. Was Manager damit aber meistens sagen wollen, ist: »Diese Person ist so talentiert, kompetent und motiviert, dass sie mehr Verantwortung übernehmen kann, als die meisten anderen. Sie kann ihre eigenen Projektpläne erstellen; sie erledigt ein großes Arbeitspensum sehr gut und sehr schnell. Sie macht keine Probleme, sie lernt schnell und kontinuierlich, sie verfügt über sehr gute Beziehungsfähigkeiten, erkennt den Gesamtkontext, ist eine ausgezeichnete kritische Denkerin und ergreift genau die richtige Menge an Initiative, ohne jemals ihre Kompetenzen zu überschreiten. Wie gehe ich damit um?«

Sie müssen diesen Superstar managen, weil er Sie auf eine Weise herausfordert, die Sie nicht erwartet haben. Er zwingt Sie dazu, immer vorbereitet zu sein und schnell zu reagieren. Sie müssen regelmäßig mit ihm sprechen, um zu überprüfen, ob alles so gut läuft, wie Sie annehmen. Bitten Sie ihn um regelmäßige Berichte über seine Projekte und Verantwortlichkeiten. Unabhängig von seinem Talent müssen Sie verifizieren, dass er seine Arbeit erledigt. Und vor allem müssen Sie den Superstar managen, um sicherzustellen, dass seine Bedürfnisse erfüllt werden und er nicht anfängt, nach einer anderen Arbeit Ausschau zu halten. Strengen Sie sich besonders an und fragen Sie ihn regelmäßig: »Was brauchen Sie von mir?« Geben Sie sich Mühe, ihn für seine herausragenden Leistungen zu belohnen. Und schätzen

Sie sich glücklich, dass Sie ihn im Team haben.

Denken Sie daran: Jeder Mitarbeiter braucht Management. Wenn Sie nicht wissen, warum einer Ihrer Mitarbeiter Management braucht, dann tun Sie gut daran, es herauszufinden:

▸ Klären Sie die Ziele mit jedem einzelnen Mitarbeiter. Was brauchen Sie von ihm?

▸ Denken Sie immer daran, was falsch laufen könnte, wenn Sie diesen Mitarbeiter nicht managen.

▸ Seien Sie wachsam: Die Gründe für das Management jedes einzelnen Mitarbeiters verändern sich im Verlauf der Zeit.

Worüber soll ich mit diesem Mitarbeiter sprechen?

Wenn Sie die Gründe herausgefunden haben, warum Sie einen Mitarbeiter managen müssen, sind Sie auf dem richtigen Weg, um in Erfahrung zu bringen, worüber Sie mit ihm sprechen sollten.

Natürlich müssen Sie mit jedem Mitarbeiter über die Arbeit sprechen. Aber bei welchem Mitarbeiter sollten Sie sich auf welche Details konzentrieren? Sollten Sie mit ihm die übergeordnete Unternehmensstrategie besprechen oder eher die Aufgabenliste für den Tag durchgehen? Sollten Sie mit ihm über Standardabläufe sprechen oder darüber, wie man diese Aufgaben kreativ erledigen kann? Das, worüber Sie mit dem betreffenden Mitarbeiter sprechen, sollte letztlich davon abhängen, was Sie in der nahen Zukunft von ihm erwarten. Wenn Sie wollen, dass er mehr arbeitet, dann sprechen Sie über die Zahl an Aufgaben auf seiner täglichen Aufgabenliste. Wenn Sie wollen, dass er schneller arbeitet, dann sprechen Sie darüber, wie lange die Erledigung jeder einzelnen Aufgabe dauern darf, und finden Sie heraus, warum der Mitarbeiter immer so lange braucht. Wenn Sie wollen, dass ein Mitarbeiter kündigt, dann müssen Sie mit ihm ständig und unaufhörlich über all die Dinge sprechen, die schlecht laufen. Wenn Sie auf keinen Fall wollen, dass ein Mitarbeiter geht, dann sprechen Sie darüber, ob er glücklich und zufrieden ist, alles hat, was er zum Arbeiten braucht oder etwas möchte, das er bisher nicht bekommen hat. Wenn Sie wollen, dass ein Mitarbeiter sein Verhalten ändert, dann sprechen Sie detailliert darüber, wie er sich Ihrer Meinung nach verhalten soll.

Vor einiger Zeit berichtete mir der Manager einer Klinik für Audiologie über seinen Rezeptionisten – den ich hier Chris nennen will –, der offensichtlich ein hoffnungsloses Leistungsproblem hatte. Chris war effizient, was die morgendliche pünktliche Öffnung der Klinik, die Beantwortung des Telefons und den Umgang mit den Patienten in der Verwaltung betraf. Aber er versäumte es, täglich die Post zu öffnen und sie ordnungsgemäß zu sortieren und abzulegen. Infolgedessen mussten andere Mitarbeiter der Verwaltung jeden Tag die Post durchwühlen, um Sendungen herauszufischen, die an sie gerichtet waren; die übrige Post, die meist formale Dokumente enthielt, die in die entsprechenden Akten einsortiert werden mussten, türmte sich auf Chris' Schreibtisch. Der Klinikmanager sagte mir: »Ich habe Chris tatsächlich dabei beobachtet, wie er die sich türmenden Postberge, die auf den Boden gerutscht waren, mit einer Kehrschaufel aufnahm und wieder auf den Stapel auf seinem Schreibtisch kippte!«

Zur Krönung beantwortete Chris am Telefon die Fragen von Patienten, die wissen wollten, ob ihre Hörgeräte schon fertig waren, stets mit ja oder nein – wobei sich keine der beiden Antworten auf genaue Informationen darüber stützte, ob die Hörgeräte tatsächlich fertig waren. »Ehrlich gesagt habe ich keine Ahnung, wie Chris entscheidet, ob er mit ja oder nein antwortet«, gab Chris' Manager zu. »Ich glaube, er improvisiert einfach. Üblicherweise sagt er nein, und dann rufen die Patienten später wieder an. Das echte Problem ist, wenn er ja sagt. Die Hälfte der Zeit hat er Recht, aber ich glaube, das ist Zufall. Die andere Hälfte der Zeit kommen die Patienten in die Klinik, um ihre angeblich fertigen Hörgeräte abzuholen, und dann sind sie nicht fertig. Gelegentlich müssen die Patienten eine ziemlich weite Strecke fahren, wobei es sich oft um ältere Personen handelt. Dann beschweren sie sich bitterlich. Ich habe immer wieder mit Chris darüber gesprochen – jedes Mal, wenn es wieder passiert. Aber er macht es einfach immer wieder.«

Der Klinikmanager wollte Folgendes wissen: »Muss ich Chris wirklich täglich sagen: ‚Druck dir bitte jeden Morgen die Statusliste der bestellten Hörgeräte aus und leg' sie dir auf den Schreibtisch. Wenn ein Patient anruft und sich nach seinem Hörgerät erkundigt, dann sieh' auf der Liste nach. Wenn es fertig ist, sag' ja. Wenn es nicht fertig ist, dann sieh nach, wann das Gerät geliefert werden soll und sag' dem Patienten, er möge an dem betreffenden Tag noch einmal anrufen.' Muss ich das wirklich jeden Tag in dieser Ausführlichkeit sagen?« Meine Antwort: Wenn Sie es nicht tun, wird Chris es falsch machen. Also: Ja, Sie müssen es ihm, falls nötig, jeden Tag aufs Neue erklären. Erklären Sie ihm auch in aller Ausführlichkeit, was er mit der eingehenden Post machen soll. Machen Sie aus dem Riesenstapel auf seinem Schreibtisch ein Projekt. Setzen Sie ihm klare Fristen. Teilen Sie dieses Projekt in kleinere Abschnitte auf – jeder mit einer eigenen Frist, wenn Sie wollen. Erteilen Sie ihm ganz präzise Anweisungen. Wenn Sie Zeit haben, gehen Sie mit ihm den Poststapel durch, um sich zu vergewissern, dass er weiß, wie er die Unterlagen richtig ablegt. Wenn er es nicht weiß, können Sie das Projekt dazu verwenden, es ihm zu zeigen.

Mehrere Wochen später berichtete mir der Klinikmanager über die Fortschritte. »Super! Alles, was ich tun musste, war, ihn eine Zeitlang jeden Tag zu erinnern. Wenn ich jetzt morgens an Chris' Schreibtisch vorbeigehe, schwenkt er die Statusliste (der bestellten Hörgeräte), lächelt mich an und sagt: ‚Und keine Sorge, ich vergesse die Post heute nicht.'« Beeindruckend!

Fragen Sie sich bei jedem Mitarbeiter immer wieder: »Worüber muss ich heute mit ihm sprechen?«

▸ Sprechen Sie über die Arbeit.

▸ Legen Sie den Fokus auf das, was Sie von Ihrem Mitarbeiter in naher Zukunft erwarten.

> Entscheiden Sie, ob Sie mit ihm über das Gesamtbild oder alle kleineren Details sprechen.

> Bei einigen Mitarbeitern kann die Aufteilung der Aufgaben in kleine Abschnitte und deren ausführliche Erklärung den Unterschied zwischen einer über- und einer unterdurchschnittlichen Leistung ausmachen.

Wie soll ich mit diesem Mitarbeiter sprechen?

Wie soll ich mit jedem Mitarbeiter über die Arbeit sprechen? Einige Mitarbeiter reagieren am besten, wenn man ihnen Fragen stellt. Andere ziehen es vor, wenn Sie die Gesprächsführung übernehmen und den größten Teil des Gesprächs bestreiten. Einige reagieren am besten, wenn Sie in gemessenem Ton und rein faktenorientiert mit ihnen sprechen – im Stil eines Prüfers. Einige reagieren am besten, wenn Sie gefühlsbetonter mit ihnen sprechen – im Stil eines älteren Bruders oder einer älteren Schwester. Einige reagieren am besten auf Herausforderungen in Form von schwierigen Führungsfragen – im Stil eines Anwalts, der einen Zeugen ins Kreuzverhör nimmt. Einige Mitarbeiter reagieren am besten auf überschwänglichen Enthusiasmus – im Stil eines Cheerleaders. Und einige reagieren am besten auf Sorge, Angst und Dringlichkeit – im Stil von Hühnchen Junior aus dem Film »Himmel und Huhn«.

Vergessen Sie nicht, dass sich jeder Mensch auch von unterschiedlichen Dingen motivieren lässt. Einige Mitarbeiter sind enthusiastisch, dann müssen Sie ihren Enthusiasmus anzapfen. Andere lechzen nach Inspiration. Einige Mitarbeiter suchen Zustimmung. Andere arbeiten, um Essen auf den Tisch stellen zu können. Einige interessiert nur ihre Arbeit, andere nur das Geld. Einige bringen ihre gesamte Identität in die Arbeit ein und die Arbeit in ihre Identität. Andere müssen ständig daran erinnert werden, wo sie sich befinden und was von ihnen erwartet wird, und warum.

Wie Sie managen, ist zum Teil eine Frage von Ton und Stil. Natürlich wollen Sie sich nicht auf einen Stil versteifen, der nicht zu Ihnen passt. Noch suchen Sie nach einem Ton und Stil, mit dem sich Ihre Mitarbeiter oder Sie sich »wohlfühlen«. Wohlfühlen ist hier nicht das Thema. Sie suchen nach dem richtigen Ton und Stil, um jeden Mitarbeiter bestmöglich zu motivieren und Ihre Argumente unmissverständlich deutlich zu machen. Letztlich geht es dabei um die Auswahl der besten Instrumente und Techniken für die tägliche Kommunikation mit jedem Mitarbeiter. Einige Mitarbeiter stellen größere Herausforderungen an die Kommunikation als andere.

Heutzutage ist es für Manager nicht ungewöhnlich, dass sie sich damit abmühen, Mitarbeiter zu managen, von denen sie eine wortwörtliche Sprachbarriere trennt – nämlich wenn sie tatsächlich nicht dieselbe Sprache sprechen. Das ist *wirklich* eine erhebliche Herausforderung an die Kommunikation. Mit welchen Instrumenten und Techniken lässt sich das Problem lösen? Wie managen Sie diesen Mitarbeiter und wie stellen Sie sicher, dass er genau versteht, was Sie von ihm wollen, und wie er das machen soll?

Der Manager eines Landschaftsbauunternehmens, der jeden Tag mit diesem Problem konfrontiert ist, schlägt die folgenden Techniken vor: »Sie brauchen jemanden in Ihrem Team, der beide Sprachen spricht ... Sie brauchen einen Übersetzer.« Zweitens: Lehren und lernen Sie. »Die meisten Männer im Team sind spanischsprachig. Im Verlauf der Jahre habe ich mir ein bisschen Spanisch angeeignet, zumindest einige Schlüsselbegriffe ... und die meisten der Männer beginnen nach einer Weile, Englisch zu lernen.« Zumindest können Sie ein gemeinsames Vokabular entwickeln, vielleicht eine Kombination aus beiden Sprachen, das Sie verwenden können, um zu kommunizieren, was wie getan werden muss. Der Manager erklärte: »Ob Sie es glauben oder nicht, aber wir haben sogar unsere eigene Zeichensprache entwickelt. Ich deute viel mit den Händen. Manchmal mache ich eine kleine Demonstration und fordere den Mitarbeiter auf, mich zu imitieren. Und ich hebe oder senke oft den Daumen.«

Eine weitere häufig angewendete Technik ist die Erstellung von Checklisten und anderen schriftlichen Instrumenten in beiden Sprachen. Auf diese Weise können Manager auf Punkte auf der Checkliste deuten, und dann wissen er und der Mitarbeiter, was gemeint ist. Das hilft beiden auch dabei, Schlüsselbegriffe in der jeweils anderen Sprache zu lernen und allmählich damit zu beginnen, über die Checkliste zu sprechen.

Fragen Sie sich immer wieder: »Wie muss ich mit diesem Mitarbeiter sprechen?«

➤ Denken Sie darüber nach, was den Mitarbeiter motiviert.

➤ Finden Sie heraus, welcher Ton und Stil am besten wirken.

➤ Die meisten Mitarbeiter reagieren am besten auf verbale Kommunikation, unterstützt durch visuelle, schriftliche Hilfsmittel.

➤ Wählen Sie die passenden Kommunikationsinstrumente und Techniken für jeden Mitarbeiter aus.

Wo sollte ich mit diesem Mitarbeiter sprechen?

Egal ob das Gespräch in Ihrem Büro oder an einem anderen nahe liegenden Platz stattfindet – es ist am besten, einen geeigneten Ort auszuwählen und diesen dann regelmäßig für die Gespräche zu benutzen. Dieser Platz wird zum äußerlichen Schauplatz, an dem sich Ihre Managementbeziehung mit dem betreffenden Mitarbeiter entfaltet. Wählen Sie ihn mit Bedacht.

Wenn Ihre Mitarbeiter an entlegenen Standorten arbeiten, sollten Sie sich vorrangig auf eine strikte Routine für telefonische Gespräche und E-Mail-Korrespondenz stützen. Wenn Sie jedoch am selben Standort arbeiten, ist ein neutraler Ort der beste Platz für ein Gespräch. Ein Manager berichtete mir, er und seine Mitarbeiter wären die ganze Zeit auf den Beinen, und da es keinen Platz gebe, der sich für solche Gespräche anbiete, würde er sie im Treppenhaus abhalten. Restaurantmanager sagen mir oft, dass sie mit ihren Mitarbeitern in einer der hinteren Kammern sprechen. Fabrikarbeiter wählen oft einen Ort außerhalb der Fertigungshalle, damit sie ihren

Gesprächspartner akustisch besser verstehen können. Soldaten kauern sich manchmal hinter einen großen Felsen. Ich selbst führe Mitarbeitergespräche am liebsten bei einem Spaziergang (wie jeder bezeugen kann, der mich schon einmal getroffen hat). Sorgen Sie nur dafür, dass Sie und Ihr Mitarbeiter einen Notizblock dabei haben, damit Sie sich Notizen machen können.

Stellen Sie sich immer wieder die Frage: »Wo soll ich mit diesem Mitarbeiter sprechen?«

Wählen Sie einen Ort aus, der für Sie und den betreffenden Mitarbeiter geeignet ist.

Versuchen Sie, sich jede Woche am selben Ort zu treffen.

Verlassen Sie sich in erster Linie auf E-Mail und Telefon, um mit Mitarbeitern an anderen Standorten zu sprechen.

Wann soll ich mit diesem Mitarbeiter sprechen?

Bei der Überlegung, an welchen Tagen und zu welchen Zeiten Sie mit jedem Mitarbeiter sprechen sollten, sind Sie oft von Ihren Terminen eingeschränkt

Manchmal wird die Gesprächszeit komplett von der Logistik diktiert. Wenn ein Mitarbeiter zum Beispiel in einer anderen Schicht arbeitet als Sie, dann muss entweder dieser Mitarbeiter etwas früher anfangen, oder Sie müssen etwas länger bleiben. Manchmal ist die beste Gesprächszeit eine Frage des persönlichen Biorhythmus. Manche Mitarbeiter kommen morgens schwer in die Gänge (oder Sie selbst haben morgens eine länger Anlaufphase), und dann beschließen Sie vielleicht, dass die beste Zeit für ein Gespräch kurz vor dem Mittagessen ist.

Manchmal wird der beste Zeitpunkt für ein Gespräch durch ein konkretes Leistungsproblem bestimmt. Nehmen wir an, Sie hätten einen Mitarbeiter, der chronisch zu spät zur Arbeit kommt. Einige Manager versuchen das Problem zu lösen, indem sie frühmorgens eine Besprechung ansetzen. Ich dagegen glaube, wenn Sie einem Mitarbeiter helfen wollen, pünktlich zur Arbeit zu kommen, dann ist es am besten, am Ende des Arbeitstages mit ihm zu sprechen, kurz bevor er nach Hause geht. Der nächste Punkt auf seiner Aufgabenliste wird das pünktliche Erscheinen sein – genau das, worauf Sie sich am Ende Ihres Gesprächs konzentrieren wollen:»Ich möchte Sie daran erinnern, dass wir in diesem Büro um 8 Uhr beginnen. Wie lange brauchen Sie zur Arbeit? 20 Minuten? Gut. Wie lange brauchen Sie, um sich morgens fertig zu machen? 30 Minuten? Gut. Um wie viel Uhr stehen Sie üblicherweise auf? 7.30 Uhr? Aha! Da haben wir das Problem. Sie werden um 7 Uhr aufstehen müssen. Möchten Sie, dass ich Sie jeden Morgen anrufe und wecke?« Führen Sie das Gespräch einige Male, bevor der betreffende Mitarbeiter nach Hause geht, und ich verspreche Ihnen, dass er wahrscheinlich beginnen wird, pünktlich zu erscheinen.

Ein Manager, der einen Biervertrieb leitet, erzählte mir, er habe diese Technik bei einer Mitarbeiterin ausprobiert, die chronisch zu spät kam. »Jedes Mal, wenn sie zu spät dran war, wollte sie mir weismachen, sie habe den Bus verpasst ... dieses Mal wartete ich bis zum Feierabend. Ich fragte sie, welchen Bus sie normalerweise nehme. Sie sagte, sie nehme den Bus um 8.40 Uhr. Dann fragte ich sie, ob es einen früheren Bus gebe. Sie antwortete, es gebe einen um 8.20 Uhr und einen um 8 Uhr. Also forderte ich sie auf, den Bus um 8 Uhr oder um 8.20 Uhr zu nehmen. Eine Woche lang erinnerte ich sie jeden Tag, bevor sie das Gebäude verließ: ‚Bitte nehmen Sie morgen den früheren Bus, okay?' Sie ist nie wieder zu spät gekommen.«

Aber vielleicht ist die Frage, wie oft man mit jedem Mitarbeiter sprechen soll, schwieriger zu beantworten als die nach der geeigneten Tageszeit. Erstens sollten Sie Folgendes im Kopf behalten: Die meisten Mitarbeiter müssen viel öfter mit Ihnen über ihre Arbeit sprechen, als Sie sich vorstellen können, und zwar viel öfter, als es derzeit der Fall ist. Ich dränge Manager immer dazu, sich dazu zu zwingen, viel öfter mit ihren Mitarbeitern zu sprechen, als sie es für notwendig halten, und zwar so lange, bis sie genau wissen, was jeder Mitarbeiter macht – wo, wann, warum und wie. Mit der Zeit werden Sie die Gesprächsabstände wahrscheinlich vergrößern können und müssen nicht mehr so oft mit jedem Einzelnen sprechen.

Zweitens sollten die Mitarbeiter öfter mit Ihnen sprechen, wenn sie neu sind oder mit einer neuen Aufgabe beziehungsweise einem neuen Projekt betraut sind. Mit der Zeit sinkt die Häufigkeit des Gesprächsbedarfs. Aber denken Sie daran, dass auch das ein bewegliches Ziel ist. Wenn ein Mitarbeiter neue Aufgaben, Verantwortlichkeiten oder Projekte übernimmt oder wenn die Leistung eines Mitarbeiters nachlässt, wenn er beginnt Details zu übersehen oder ein negatives Verhalten entwickelt, dann müssen Sie wieder öfter mit ihm sprechen. Wenn sich die Dinge bessern, können Sie sich wieder etwas zurückziehen und die Gesprächsintervalle vergrößern.

Viele eigenständige, leistungsstarke Mitarbeiter brauchen wahrscheinlich kein tägliches Gespräch. Wenn einer Ihrer leistungsstarken Mitarbeiter beginnt, die Initiative bei Ihren persönlichen Besprechungen zu übernehmen, Ihnen von sich aus die Aufgabenliste für die laufende Woche zeigt, einschließlich eines detaillierten Plans mit allen Schritten, und Ihnen dann Memos als Zusammenfassung dieser Präsentationen vorlegt, ist das ein Indiz dafür, dass Sie die Gesprächsabstände vergrößern können.

Mitarbeiter, die nicht so leistungsstark sind, erfordern unter Umständen öfter persönliche Einzelgespräche – möglicherweise täglich. Ich bezeichne das als Rollencoaching: »Okay, Herr Meier. Sie werden heute fünf Stunden hier sein, stimmt's? Nun, ich möchte, dass Sie heute A, B, C und D erledigen. Okay? Lassen Sie uns Aufgabe A durchgehen ... B durchgehen ... und so weiter. Hier haben Sie eine Checkliste. Sind Sie bereit?«

Ein solches Gespräch – das Rollencoaching – dauert zwischen fünf und fünfzehn Minuten. Wenn Sie Mitarbeiter haben, die viel Anleitung und Coaching brauchen, dann versuchen Sie, sie jeden Tag in ihrer Rolle zu coachen. Und Sie werden sehen, wie sich ihre Leistung im Handumdrehen verbessert.

Bei einigen Mitarbeitern reicht das nicht aus. Besonders leistungsschwache Mitarbeiter müssen unter Umständen drei- bis vier Mal am Tag gecoacht werden, weil sie sonst die Konzentration verlieren. Aber an welchem Punkt wird es zu viel? Die Entscheidung, dass ein Mitarbeiter einen so großen Teil Ihrer Zeit und Aufmerksamkeit beansprucht, dass es sich nicht lohnt, ihn weiter zu beschäftigen, ist keine leichte Angelegenheit. Sie müssen sich überlegen, ob dieser Mitarbeiter wesentlich weniger kompetent, fähig und motiviert ist als andere Kandidaten auf dem Arbeitsmarkt. Je nach Tätigkeit und den dafür zur Verfügung stehenden Arbeitskräften, ist der einzige Weg, um gleichbleibend einwandfreie Leistungen zu erhalten, manchmal ein sehr intensives Mitarbeitermanagement – bis zu zwei, drei oder vier Mal am Tag. Manchmal ist die Antwort jedoch eindeutig: »Keine Chance! Ich bezahle dem Mitarbeiter zu viel und die Tätigkeit ist zu qualifiziert, als dass dieser Managementaufwand gerechtfertigt wäre.«

Stellen Sie sich immer wieder die Frage: »Wann muss ich diesen Mitarbeiter managen?«

Welche Tages- und Uhrzeiten eignen sich am besten für ein Mitarbeitergespräch?

➤ Manchmal wird die Uhrzeit von der Logistik vorgegeben.

➤ Die beste Zeit kann von Ihrem oder dem Biorhythmus Ihres Mitarbeiters abhängen.

➤ Unter Umständen wird die beste Zeit für ein Gespräch durch ein Leistungsproblem bestimmt.

Wie oft sollen derartige Gespräche stattfinden?

➤ Die meisten Mitarbeiter brauchen das Gespräch mit Ihnen viel öfter als Sie annehmen.

➤ Die meisten Mitarbeiter haben mehr Gesprächsbedarf, wenn sie eine neue Aufgabe übernehmen.

▸ Zwingen Sie sich, eine Zeitlang öfter Gespräche zu führen, als Sie eigentlich für notwendig halten.

▸ Mit der Zeit können Sie die Gesprächsabstände wieder vergrößern.

Lohnt sich der Managementaufwand? Rechnen Sie sich das selbst aus.

Die Management-Landkarte

Versuchen Sie, eine – wie ich es nenne – »Management-Landkarte« zu zeichnen. Schreiben Sie die Fragen Wer? Warum? Was? Wie? Wo? Wann? in Spalten an den oberen Rand eines Blatt Papiers. In die erste Spalte – Wer? – schreiben Sie den Namen jedes einzelnen Mitarbeiters, den Sie managen und machen einige Notizen dazu, was Sie über diese Person wissen oder zu wissen glauben. Dann schreiben Sie in jede der übrigen Spalten für jeden Mitarbeiter die entsprechenden Anmerkungen. Wenn Sie die gesamte Information auf einem Blatt Papier unterbringen, haben Sie sofort eine Art Landkarte vor sich, die die Herausforderungen darstellt, mit denen Sie in punkto Management konfrontiert sind. Auf dem Blatt Papier befindet sich Ihre Managementwelt. Denken Sie daran, die Umstände ändern sich. Menschen ändern sich. Das bedeutet, dass Sie diese Fragen häufig überprüfen und Ihre Anmerkungen überarbeiten müssen, um Ihre Manager-Landkarte regelmäßig zu aktualisieren.

Ihr Ziel als Manager besteht darin, Ihren Mitarbeitern dabei zu helfen zu wachsen und sich weiterzuentwickeln. Sie wollen, dass sich die Antworten auf die Fragen ändern. Wer? Sie wollen, dass dieser Mitarbeiter ein leistungsstarker Mitarbeiter wird, der sich ganz in seine Arbeit vertieft. Warum? Sie wollen, dass dieser Mitarbeiter so gut auf seinem Gebiet wird, dass Sie mit ihm über Strategien und die übergeordneten Unternehmensziele sprechen können; dass Sie mit ihm gemeinsam großartige Ideen entwickeln und ihn dazu anspornen können, mehr Verantwortung zu übernehmen; und Sie wollen ihm dabei helfen, seine Bedürfnisse besser zu erfüllen, damit er das Unternehmen nie verlässt. Was? Sie wollen, dass dieser Mitarbeiter seinen Job so gut macht, dass Sie in Ihren Coaching-Gesprächen mit ihm seinen Aufgabenplan und seine Fortschritte besprechen und Wege diskutieren können, wie er noch mehr Wert schaffen und selbst mehr Belohnungen erhalten kann. Wie? Sie wollen, dass dieser Mitarbeiter so kompetent und selbstsicher wird, dass Sie sich einfach zurücklehnen und zuhören können. Wo? Vielleicht ist dieser Mitarbeiter so erfolgreich, dass er sein eigenes Büro bekommt und Sie dort mit ihm sprechen können. Wann? Sie wollen, dass er sich so gut selbst steuert, dass Sie mit ihm nur ein Mal pro Woche sprechen müssen, um sicherzugehen, dass die Dinge tatsächlich so gut laufen, wie Sie vermuten.

Hören Sie nie auf, sich diese Fragen zu stellen und zu beantworten.

Kapitel 5: Machen Sie Verantwortlichkeit zur gelebten Wirklichkeit

Sie sind soeben von der jährlichen Managementkonferenz Ihres Unternehmens zurückgekehrt, die sich dem Thema Verantwortlichkeit gewidmet hat. Es gab viele Vorträge von hochrangigen Managern und einigen externen Experten: »Jeder Einzelne von Ihnen ist für seine Handlungen verantwortlich!«, rief einer. »Ziehen Sie sich gegenseitig zur Verantwortung!«, beschwor ein anderer. Und so weiter. Sie sind von der Konferenz mit einem neuen Kaffeebecher zurückgekommen, auf dem die Aufschrift »Verantwortlichkeit« prangt und fanden in Ihrem E-Mail-Postfach eine Erinnerung Ihres Chefs, dass es »Ihre Aufgabe ist, Ihre Mitarbeiter zur Verantwortlichkeit zu erziehen.«

Verantwortlichkeit ist das neue Schlagwort in beinahe jedem Geschäftsfeld. Aber was heißt das eigentlich?

Verantwortlichkeit bedeutet, Rechenschaft über seine Handlungen abzulegen. Die Idee ist bezwingend: Wenn ein Mitarbeiter weiß, dass er seine Handlungen gegenüber einer dritten Person begründen muss und dass er für seine Handlungen entsprechend belohnt oder bestraft wird, wird sich dieser Mitarbeiter üblicherweise bemühen, »besser« zu handeln. Wenn Unternehmensführer das Schlagwort »Verantwortlichkeit« skandieren, versuchen sie damit, ihren Mitarbeitern die folgende Botschaft zu vermitteln: Ihr Verhalten muss von vornherein von dem Wissen bestimmt sein, dass Sie es begründen müssen und dass Ihre Handlungen Konsequenzen haben.

Lassen Sie der Mitarbeiterleistung greifbare Konsequenzen folgen

Um den Begriff Verantwortlichkeit mit Leben zu füllen, reicht es nicht aus, das Schlagwort im Unternehmen zu verbreiten und darauf zu hoffen, dass Ihre Mitarbeiter schon verstehen, was Sie meinen.

Erstens funktioniert Verantwortlichkeit als Managementinstrument nur, wenn Ihre Mitarbeiter *im Voraus* wissen, dass sie für ihre Handlungen zur Rechenschaft gezogen werden. Wenn Sie einem Mitarbeiter *im Nachhinein* sagen, er sei für sein Handeln verantwortlich, wird das keinerlei Auswirkungen auf sein Verhalten haben. Und wenn Sie einen Mitarbeiter für seine schlechte Leistung bestrafen, ohne ihm vorher mitgeteilt zu haben, dass er entweder belohnt oder bestraft wird, dann ist das in diesem Fall zu spät, um sein Verhalten zu beeinflussen.

Zweitens müssen Mitarbeiter darauf vertrauen können und sicher sein, dass es einen fairen und präzisen Prozess der Leistungsmessung und der Koppelung ihrer Leistung an reale Konsequenzen gibt. Ich will es an einem Beispiel deutlich machen: Was wäre das Erste, das Sie wissen wollten, wenn Ihr Chef morgen früh ins Büro käme und sagen würde: »Heute mache ich Sie aber wirklich verantwortlich. Wenn Sie heute gute Arbeit leisten, gebe ich Ihnen einen Bonus von 1.000 Dollar. Wenn Sie eine durchschnittliche Leistung erbringen, werden Sie Ihren Arbeitsplatz behalten, und wenn Ihre Leistung heute unterdurchschnittlich ist, werden Sie entlassen«. Das Erste, das Sie in Erfahrung bringen würden, ist, was heute als überdurchschnittliche, mittelmäßige und unterdurchschnittliche Leistung gilt, nicht wahr? Denn wenn Sie für Ihre Handlungen zur Rechenschaft gezogen werden und Konsequenzen zu erwarten haben, dann wollen Sie schließlich genau wissen, was man von Ihnen verlangt. Außerdem werden Sie wissen wollen, ob jemand Sie den ganzen Tag lang genau beobachtet, sodass es auch bemerkt wird, wenn Sie eine herausragende Leistung erbringen. Und schließlich werden Sie sicherstellen wollen, dass Ihre Leistung auf Basis der vorab formulierten Erwartungen und Anforderungen gemessen werden, und an nichts anderem.

Sie brauchen einen fairen und präzisen Prozess, um die konkrete Leistung eines jeden Mitarbeiters mit realen Konsequenzen zu verknüpfen. Wie sieht dieser Prozess aus?

▸ Formulieren Sie vorab die Erwartungen mit klaren Worten.
▸ Verfolgen Sie die Leistung des Mitarbeiters auf Schritt und Tritt.
▸ Ziehen Sie die Maßnahmen, die Sie als Konsequenz auf die Erfüllung oder Nichterfüllung der Erwartungen durch den Mitarbeiter festgelegt haben, bis zum Ende durch.

Dieser Prozess lässt sich nicht im Rahmen einer formalen Jahres- oder Halbjahresbeurteilung vollziehen. Echte Verantwortlichkeit muss durch häufige und engmaschige Bewertung der Mitarbeiterleistung hergestellt werden. In der Realität werden Sie jedoch auf zahlreiche Komplikationen stoßen, die eine enge Verknüpfung der Mitarbeiterleistung mit Konsequenzen beinahe unmöglich machen. Lassen Sie aber nicht zu, dass Komplikationen als Ausrede dafür dienen, keine echte Verantwortlichkeit herzustellen. Selbst in einer komplexen Welt können Sie Menschen zur Verantwortung ziehen. Berücksichtigen Sie dabei die sieben häufigsten Komplikationen, die sich der Verantwortlichkeit in den Weg stellen.

Komplikation Nummer eins: »Ich warte auf ‚den und den' oder ‚das und das'.«

Wenn Sie einen Mitarbeiter zur Verantwortung ziehen, kann es passieren, dass dieser beginnt, einem anderen die Verantwortung in die Schuhe zu schieben. Manchmal hat er sogar Recht. In unserer heutigen komplexen Welt müssen Mitarbeiter üblicherweise eng mit anderen Mitarbeitern und ganzen Abteilungen zusammenarbeiten, ganz zu schweigen von externen Partnern wie Kunden und Lieferanten. Einige Mitarbeiter haben möglicherweise eindeutig formulierte Erwartungen, wie zum Beispiel Fristen, versäumt, weil sie darauf warten mussten, dass ein anderer Mitarbeiter sein Teil des Puzzles fertigstellt, bevor sie ihre Aufgaben beenden konnten. Manager fragen mich ständig: »Wie kann ich meine Mitarbeiter gerechterweise zur Verantwortung ziehen, wenn sie nachweislich von jemandem aus einer ganz anderen Abteilung aufgehalten wurden?«

Erstens sollten Sie sich auf die Aufgaben konzentrieren, die Ihr Mitarbeiter eigenständig erledigen kann, ohne den Beitrag einer dritten Person zu benötigen. Sie müssen alle Schritte ganz akkurat definieren, die Ihr Mitarbeiter bis zu dem Punkt erledigen kann und sollte, an dem er auf den Beitrag eines Dritten angewiesen ist. Bewerten Sie, wie die Aufgaben erfüllt wurden.

Zweitens sollten Sie betrachten, wie Ihr Mitarbeiter mit denjenigen umgeht, von deren Arbeit er abhängt. Sie können Ihrem Mitarbeiter zeigen, wie er effektiver mit anderen interagiert und von ihnen schnellere und bessere Ergebnisse erhält.

Und wenn Ihr Mitarbeiter von einem Kollegen oder externen Partner aufgehalten wird, dann sagen Sie ihm genau, was er in dieser Wartezeit tun soll. Helfen Sie ihm dabei, einen Plan zu erstellen, wie er Leerlauf verringern, die Produktivität aufrechterhalten und das Projekt vorantreiben kann.

Sie können einen Mitarbeiter nicht für die Handlungen Dritter zur Verantwortung ziehen. Aber Sie können ihm helfen, solche schwierigen Situationen besser zu meistern; und Sie können den Prozess der Verantwortlichkeit aufrechterhalten, indem Sie den Fokus auf konkrete Handlungen legen, die innerhalb des Handlungsspielraums Ihres Mitarbeiters liegen.

Komplikation Nummer zwei: »Andere Verpflichtungen sind dazwischengekommen.«

In vielen Organisationen müssen Manager Mitarbeiter führen, die mehr als einen Vorgesetzten haben, welche sich gegenseitig die Zeit und Energie ihrer Mitarbeiter streitig machen. Wenn Sie einem Mitarbeiter in dieser Situation eine Aufgabe übertragen, ist nicht immer klar, wie viele andere Aufgaben er noch zu erledigen hat und ob eine »dringende« Aufgabe eines anderen Vorgesetzten mit Ihren Aufgaben konkurriert. Wie können Sie einen Mitarbeiter in dieser Situation zur Verantwortung ziehen?

Ein hochrangiger Manager in einem großen Medienunternehmen, den ich hier Phil nennen will, hatte eine Antwort auf diese Frage, die jedes weitere Gespräch darüber beendete: »Ich bin fest entschlossen, der Manager zu sein, den kein Mitarbeiter enttäuschen will. Jeder weiß, dass man keine Aufgabe von mir akzeptiert, wenn man sie nicht definitiv nach meinen Anforderungen erfüllen kann. Ich bin der, der nachhakt, nachhakt und nachhakt. Sie können sich nirgendwo vor mir verstecken. Ich werde Sie finden, und dann sollten Sie eine Antwort für mich haben – es sei denn, Sie lägen auf dem Sterbebett.« Jeder im Raum nickte und lächelte. Es stimmte: Jeder wusste das von diesem Manager.

Folgendes habe ich von Phil und anderen wie ihm gelernt:

▸ Seien Sie der Vorgesetzte, der am engagiertesten ist, und Sie werden der Vorgesetzte sein, für den sich die Mitarbeiter am meisten anstrengen. Wenn sie wissen, dass Sie nachfassen, kontrollieren, messen und dokumentieren und auf Verantwortlichkeit bestehen, dann werden sie die Aufgaben, die Sie ihnen übertragen, stets zuerst erfüllen.

▸ Seien Sie der Vorgesetzte, der seine Mitarbeiter auf Erfolgskurs bringt und sie entsprechend belohnt. Wenn Sie das machen, werden die besten Mitarbeiter immer für Sie arbeiten wollen.

▸ Seien Sie der Vorgesetzte, der weiß und versteht, welche weiteren Projekte Ihre Mitarbeiter für andere Vorgesetzte jonglieren. Stellen Sie viele Fragen zu den weiteren Aufgaben und Fristen. Sprechen Sie darüber, wie die Aufgabe, die Sie Ihrem Mitarbeiter übertragen, mit seinen anderen Aufgaben kollidieren könnten. Fragen Sie, in welcher Weise sie kollidieren könnten. Entscheiden Sie gemeinsam, ob Ihr Mitarbeiter Ihre Anforderungen erfüllen kann. Machen Sie einen Plan, wie Ihr Mitarbeiter reagieren soll, wenn andere Verantwortlichkeiten mit der Erfüllung Ihrer Anforderungen oder Fristen kollidieren.

❯ Seien Sie der Vorgesetzte, der höhere Erwartungen, Standards und Anforderungen stellt. Wenn andere Managerkollegen grundsätzlich andere Erwartungen, Standards und Anforderungen an Mitarbeiter stellen, dann erinnern Sie Ihren Mitarbeiter regelmäßig und begeistert daran, dass Sie anders sind. Machen Sie das zu einer Frage des Stolzes. Sorgen Sie dafür, dass die Leute in Ihrem Team Ihre besonders hohen Standards loben, und machen Sie das zum Teamgeist, den Sie alle teilen.

Komplikation Nummer drei: »Ich habe lange Zeit Mittelmäßigkeit akzeptiert.«

Manager fragen mich oft: »Wie kann ich plötzlich meinen Standard anheben und meine Mitarbeiter zur Verantwortung ziehen, wenn ich das jahrelang nicht gemacht habe?«

Um Ihnen die Frage zu beantworten, möchte ich Ihnen etwas über eine Managerin erzählen, die ich hier Debbie nennen will. Debbie leitete seit mehreren Jahren ein Forschungslabor. Die meisten Forscher, deren Vorgesetzte sie war, arbeiteten bereits in dem Labor, bevor sie dazukam, und sie waren daran gewöhnt, unabhängig und ohne große tägliche Überwachung zu arbeiten. Sie waren einfach nicht gewöhnt, gegenüber irgendjemand anderem als sich selbst Rechenschaft abzulegen.

Als Debbie die Laborleitung übernahm, passte sie sich den Gepflogenheiten an, weil sie den Status quo nicht umkrempeln wollte. Vier Jahre später funktionierte das Labor noch genauso wie an ihrem ersten Arbeitstag, und es lief nicht besonders gut. »Die Mitarbeiter kamen und gingen praktisch nach Belieben«, erzählte mir Debbie. »Das Labor war im wahrsten Sinne des Wortes ein einziges Durcheinander. Proben wurden nicht richtig etikettiert und einsortiert, die

Sicherheitsvorschriften wurden nicht eingehalten, die Experimente nicht sorgfältig dokumentiert. Niemand räumte seinen Arbeitsplatz auf. Einige leisteten gute Arbeit, weil sie motiviert waren, aber es gab keine Verantwortlichkeit.«

Selbst dann griff Debbie nicht durch. »Ich hatte das Gefühl, es sei nicht mein Labor. Meine Mitarbeiter waren schon vor mir dagewesen und ich hatte irgendwie die Chance verpasst, für Ordnung zu sorgen, als ich die Leitung übernahm. Je länger ich diese Situation hinnahm, desto weniger fühlte ich mich berechtigt, große Veränderungen vorzunehmen. Aber schließlich reichte es mir, und ich beschloss, jeden Einzelnen zur Verantwortung zu ziehen. Ich berief ein Teammeeting ein und sagte meinen Mitarbeitern, die Situation sei nicht akzeptabel, und ich würde das nicht länger tolerieren«, erinnerte sich Debbie. »Ich teilte ihnen mit, es gäbe viele Veränderungen. Ich wollte keine neuen Regeln einführen; sondern darauf bestehen, dass die bestehenden Regeln eingehalten würden. Die Mitarbeiter beschwerten sich: ‚Aber wir haben das immer so gemacht. Sie sind jetzt schon seit vier Jahren hier und haben noch nie auf diesen Regeln bestanden.'«

»Ich gab nicht ihnen die Schuld, sondern mir selbst«, fuhr Debbie fort. »Es war so befreiend, die Verantwortung für dieses Versäumnis zu übernehmen. Es war alles mein Fehler, nicht ihrer. Ich sagte nur: ‚Sie haben vollkommen Recht! Ich bin zu nachsichtig gewesen. Aber damit ist jetzt Schluss.' Ich sagte ihnen, es täte mir Leid, dass ich eine so schwache Vorgesetzte gewesen sei und dass ich in Zukunft eine wesentlich bessere Managerin sein würde. Dann gingen wir die Regeln ausführlich durch und besprachen alle betrieblichen Standardabläufe, die wir bis dahin ignoriert hatten. Ich erklärte, dass ich fest entschlossen wäre, diese Regeln durchzusetzen, und erläuterte, wie das vonstatten gehen sollte. Ich wusste, dass ich auf viel Widerstand stoßen würde, vor allem bei einem Mitarbeiter, Gus, der schon seit 20 Jahren in dem Labor arbeitete.«

Als Debbie begann, ihr Team zur Rechenschaft zu ziehen, stemmte sich Gus, der aus seiner langjährigen Betriebszugehörigkeit eine positive Personalakte hatte, dagegen und entgegnete: »Das ist auch mein Unternehmen, und ich mache die Dinge schon seit Jahren so, wie ich es will, und ich bin damit immer erfolgreich gewesen.« Was tat Debbie? »Ich fuhr fort, die alten Regeln und meine neue Politik zu kommunizieren. Ich kommunizierte die Regeln unermüdlich und mit Elan.« Gus dachte, er würde Debbie in die Knie zwingen. Er glaubte, seine positive Erfolgsbilanz im Unternehmen würde ihn vor negativen Konsequenzen bewahren, die Debbie ihm vielleicht androhen würde. Und er hatte Recht, zumindest eine Zeitlang. Debbies Reaktion? »Ich begann einfach das nächste Kapitel in Gus' Leistungsbilanz.« Diese Methode reicht normalerweise aus, um Mitarbeiter zurückzupfeifen und sie dazu zu bringen, dass sie sich einordnen. Nicht so Gus.

Einige Zeit später erhielt ich eine E-Mail von Debbie. In der Betreffzeile stand: »EIN NEUER TAG ist angebrochen!« In der E-Mail schrieb sie mir: »Ich wusste, dass zahlreiche Forscher nicht glaubten, dass ich durchgreifen. Aber ich bin hartnäckig geblieben und die Botschaft ist schließlich bei ihnen angekommen. Und das wird auch so bleiben. Das Labor ist viel ordentlicher und sauberer als je zuvor. Zum ersten Mal, seit ich die Leitung übernommen habe, werden die Verfahren eingehalten. Die Forscher melden sich wie vorgeschrieben an und ab, und sie befolgen die Sicherheitsregeln. In den letzten zwei Wochen haben wir wesentlich mehr Arbeit erledigt als im ganzen vorigen Jahr.« Selbst Gus? »Ich glaube, Gus hat erkannt, dass ich nicht nachgebe ... also hat er sich einen neuen Vorgesetzten gesucht ... er wurde heute in eine neue Position befördert!«

Debbie schloss: »Ich brauchte nur den Mut, um durchzugreifen. Ich wünschte, ich hätte das von Anfang an getan.«

Komplikation Nummer vier: »Ich bin ein brandneuer Manager hier ... oder brandneu im Team.«

Endlich haben Sie die Beförderung erhalten, auf die Sie gehofft hatten. Sie arbeiten immer noch im selben Team, sind aber jetzt dessen

Leiter beziehungsweise Leiterin. Plötzlich sind Sie der oder die Vorgesetzte der Leute, die noch gestern Ihre Kollegen waren, und die Sie heute als ihren Chef behandeln müssen. Manager fragen mich oft: »Wie bringe ich sie dazu, meine Autorität zu respektieren?«

Ich sage frisch gebackenen Managern immer: »Vergessen Sie nicht, Sie sind derjenige, der befördert wurde. Stellen Sie unter Beweis, dass Sie die Beförderung verdient haben.« So verlockend es auch sein mag, einer von der Truppe zu bleiben – Sie haben jetzt eine andere Rolle. Das bedeutet nicht, dass Sie die Lizenz besitzen, sich wie ein Scheusal aufzuführen. Aber Sie müssen führen. Begehen Sie nicht den Fehler, sich dafür zu rechtfertigen, dass Sie befördert wurden und nicht jemand anderes. Erklären Sie nicht, warum Sie der Chef sein sollten. Erklären Sie lediglich, wie Sie sich als Chef verhalten werden. Erklären Sie, wie Ihre Erwartungen lauten und ziehen Sie Ihre Mitarbeiter für die Erfüllung dieser Erwartung zur Verantwortung.

Diese Weisheit habe ich von einem jungen Schreiner, der zum Vorarbeiter seiner Mannschaft ernannt wurde, mit der er seit mehreren Jahren zusammengearbeitet hatte. Er sagte mir: »Man darf nicht zulassen, dass die Jungs einen in die Defensive zwingen. Sie sagten immer zu mir: ‚Ach komm, Jim. Du weißt doch, wie es ist.‘ Und ich antwortete immer: ‚Ja, ich weiß, wie es ist. Und deswegen weiß ich auch, dass das, was ich verlange, absolut machbar ist.‘« Und er fuhr fort: »Man hat die Tätigkeit, die man in seiner neuen Rolle leitet, vorher selbst ausgeübt. Das kann man nutzen, um ein besserer Vorgesetzter zu sein. Ich versuche immer, mich daran zu erinnern, wie es war, diesen Job zu machen, bevor ich Vorarbeiter wurde ... Ich überlege mir, was mir in dieser Situation wirklich geholfen hätte. Man muss seine Erfahrung nutzen, um den Jungs dabei zu helfen, bessere Arbeit zu leisten.«

Wenn Sie befördert werden und plötzlich der Chef sind, haben Sie zwei Möglichkeiten: Entweder Sie verhalten sich so, dass sich Ihre ehemaligen Kollegen wundern, warum Sie der neue Chef sind, und nicht einer von ihnen. Oder Sie verhalten sich so, dass die Antwort auf diese Frage so offensichtlich ist, dass niemand auch nur die leisesten Zweifel hegt. Machen Sie ihnen klar, welche Art Chef Sie sein werden. Zeigen Sie ihnen, wie Sie die Geschäfte führen. Kommunizieren Sie die Regeln eindeutig: »Auf diese Weise arbeitest du erfolgreich für mich. So bekommst du, was du brauchst und verdienst.« Ziehen Sie Ihre Mitarbeiter für ihre Handlungen zur Verantwortung; knüpfen Sie ihre Leistung auf Schritt und Tritt an Belohnungen und Sanktionen.

Komplikation Nummer fünf: »Mit einigen der Mitarbeiter, die ich führen soll, bin ich befreundet.«

Manager berichten mir täglich über Auseinandersetzungen mit Mitarbeitern, die, wenn sie zur Rechenschaft gezogen werden, protestieren: »Aber ich dachte, wir wären befreundet!« Meine Antwort darauf lautet: Sagen Sie diesem Mitarbeiter Folgendes: »Hey, nächste Woche bekommst du kein Geld, aber ich habe mich gefragt, ob du bereit wärst, trotzdem zu kommen und richtig hart zu arbeiten, damit ich gut dastehe ... du weißt schon, da wir ja so gute Freunde sind.« Was glauben Sie, wird er antworten? »Hey, Kumpel, nichts für ungut – aber das hier ist ein Job ...« Und Sie sollten erwidern: »Bingo! Nichts für ungut, aber ich bin der Boss.«

Oft werden Kollegen im Verlauf der Zusammenarbeit zu Freunden. Manchmal datiert die Freundschaft auch aus der Zeit vor der Zusammenarbeit. In beiden Fällen kann es schwierig sein, Ihre Rolle als Vorgesetzter von Ihrer Rolle als Freund zu trennen. Dennoch müssen Sie das tun.

Erstens müssen Sie entscheiden, welche Rolle Ihnen wichtiger ist. Wenn Ihnen die Freundschaft wichtiger ist, sollten Sie vielleicht nicht der Vorgesetzte Ihres Freundes oder Ihrer Freundin sein. Akzeptieren Sie die Tatsache, dass Ihre Rolle als Vorgesetzter die Freundschaft beeinträchtigen kann. Vielleicht kommen Sie zu der Entscheidung, dass Sie Ihre Freundschaft nicht riskieren wollen und daher überhaupt nicht mit dem befreundeten Kollegen zusammenarbeiten können. Oder Sie wollen die Freundschaft nicht riskieren und daher nicht dessen Vorgesetzter sein. Irgendjemand muss aber der Chef sein. Wäre es nicht eine Ironie, wenn Sie diese Position ablehnen würden und Ihr Freund am Ende Ihr Vorgesetzter würde, anstatt umgekehrt?

Zweitens sollten Sie die Freundschaft schützen, indem Sie Grundregeln aufstellen, die eine klare Trennung der beiden Rollen festlegen. Eine Restaurantmanagerin erzählte mir von einer guten Freundin mit langjähriger Erfahrung, die in ihrem Restaurant arbeiten wollte. Sie stellte sie ein, legte aber sehr deutliche Grundregeln fest: »Unsere Freundschaft ist mir sehr wichtig. Meine Arbeit ist aber auch sehr wichtig für mich, und hier bin ich die Chefin. Wenn wir bei der Arbeit sind, muss ich darauf bestehen, deine Vorgesetzte zu sein. Außerhalb der Arbeit versuchen wir das hinter uns zu lassen.«

Drittens müssen Sie Ihre Freundschaft dadurch schützen, dass Sie ein guter Vorgesetzter sind. Sorgen Sie dafür, dass die Dinge wirklich gut laufen. Wenn Sie die Anzahl der Probleme gering halten, werden Sie auch die potenziellen Konflikte in Ihrer persönlichen Beziehung gering halten.

Viertens müssen Sie die Tatsache erkennen und annehmen, dass die Arbeit, die Sie und Ihr Freund oder Ihre Freundin gemeinsam machen, mehr und mehr Raum in Ihrer Freundschaft einnehmen wird. Das ist in Ordnung. Mit ein wenig Glück finden Sie beide die Arbeit, die Sie teilen, interessant und wichtig. Wenn sich Ihre Freundschaft erst am Arbeitsplatz entwickelt hat, dann ist der Job sowieso die Grundlage Ihrer Beziehung. Datiert Ihre Freundschaft aus der Zeit vor Ihrer Zusammenarbeit, dann wird sich Ihre Freundschaft verändern. Am Arbeitsplatz können Sie Ihr gutes Einvernehmen erhalten und Ihre Freundschaft um die Arbeit herum gestalten. Außerhalb des Arbeitsplatzes werden Sie wahrscheinlich viel über die Arbeit sprechen, es sei denn, Sie würden die eiserne Regel vereinbaren, nicht über die Arbeit zu sprechen.

So sehr Sie auch versuchen, die Arbeit von Ihrer Freundschaft zu trennen und umgekehrt, werden die Grenzen immer verschwimmen. Das Beste, das Sie tun können, ist, Ihre Freundschaft in Ehren zu halten, indem Sie ein großartiger Vorgesetzter oder eine großartige Vorgesetzte sind, und hoffen, dass Ihr Freund oder Ihre Freundin Ihre Freundschaft in Ehren hält, indem Sie Ihnen einräumt, Ihre Rolle nach Ihren besten Fähigkeiten zu erfüllen.

Komplikation Nummer sechs: »Ich habe keine direkte Weisungsbefugnis gegenüber bestimmten Mitarbeitern, aber ich muss sie dennoch managen.«

Wenn Ihnen eine stellvertretende Managerrolle zugewiesen wurde, sagen wir als Leiter eines kurzfristigen Projekts, dann müssen Sie für die Dauer dieses Projekts die Führungsrolle übernehmen. Bitten Sie Ihren Vorgesetzten, sich mit dem gesamten Team zusammenzusetzen und genau zu erklären, welche Rolle von jedem einzelnen Mitarbeiter erwartet wird. Wenn Sie der Leiter sein sollen, muss dass allen Teammitgliedern klar sein.

In anderen Fällen haben mir Manager berichtet, sie hingen von anderen Managern ab, die gleichrangig seien, keine ihnen unterstellten Mitarbeiter. Es kann auch sein, dass der Manager von anderen Managern in parallelen Organisationen (in einer Matrixstruktur) abhängt. Oder er muss im Rahmen der Projektleitung Partner in anderen Geschäftsfeldern managen (wie zum Beispiel ein Schreiner, der mit dem Installateur und dem Elektriker arbeiten muss, die entscheidend für den Projekterfolg sind, ihm aber nicht unterstellt sind). Gelegentlich muss ein Manager einen Kunden beziehungsweise Klienten managen.

In all diesen Fällen haben Sie keine direkte Weisungsbefugnis. Was machen Sie also? Ihre einzige Option ist, Ihren Einfluss geltend zu machen, um die anderen zur Verantwortlichkeit anzuhalten. Welches sind die potenziellen Quellen Ihres Einflusses?

Erstens sollten Sie sich auf den zwischenmenschlichen Einfluss stützen, also das gesamte Gewicht Ihrer Beziehung zu der Person, die Sie managen sollen. Hatten Sie in der Vergangenheit ein gutes persönliches Einvernehmen? Werden Sie in der Zukunft ein gutes persönliches Einvernehmen haben?

Zweitens sollten Sie die Menschen durch die Überzeugungskraft guter Gründe beeinflussen. Die Managerin eines großen Finanzdienstleisters berichtete mir, dass sie in ihrer täglichen Arbeit von Menschen abhängt, die ihr gegenüber formal nicht berichtspflichtig sind. Also bringt sie sie mit überzeugender Logik dazu, ihr zuzuarbeiten: »Ich bitte nie um irgendetwas, ohne plausibel zu begründen, warum es notwendig ist. Ich verkaufe meine Anliegen immer: ‚Aus diesem Grund sollten Sie dies und das für mich tun. Aus diesem Grund ist das gut für Sie, Ihr Team und das Unternehmen. Aus diesem Grund sollten Sie mein Anliegen zuerst bearbeiten. Aus diesem Grund sollte nichts dazwischenkommen.' Ich weiß, ich mache Druck, aber der Grund, warum es funktioniert, liegt darin, dass sie sich von meiner Logik überzeugen lassen, wirklich das zu tun, was ich von ihnen verlange.«

Nutzen Sie drittens Ihren handlungsbezogenen Einfluss. Wenn Sie mit einer Person eine Vereinbarung treffen, dann haben Sie Grund zu der Erwartung, dass die Vereinbarung eingehalten wird. Das gilt besonders für gegenseitige Versprechen. Selbst wenn Sie ein einseitiges Versprechen von einer anderen Person einholen, dann übt das – vorausgesetzt, das Versprechen ist konkret genug formuliert – einen erheblichen Druck auf diese Person aus, ihr Versprechen zu erfüllen. Haben Sie sich in der Vergangenheit auf andere verlassen? Werden Sie sich in Zukunft auf andere verlassen?

Viertens sollten Sie sich fragen, ob Sie Konsequenzen verhängen können, auch wenn Sie über keine formale Autorität verfügen. Gibt es irgendwelche Sanktionen oder Belohnungen, auf die Sie Einfluss haben?

Komplikation Nummer sieben:
»Ich manage Mitarbeiter aus Bereichen, in denen ich mich nicht auskenne oder keine Erfahrung habe.«

Auf den ersten Blick klingt das merkwürdig. Wenn Sie sich nicht auskennen oder keine Erfahrung haben und der Mitarbeiter, den Sie managen sollen, verfügt über beides, wieso sind Sie dann der oder die Vorgesetzte?

Dafür gibt es mehrere gängige Szenarios. Manchmal geschieht dies, wenn Unternehmen technische Karrieren und Managementkarrieren trennen. Diejenigen, die eine Managementkarriere einschlagen, entfernen sich immer weiter von ihrem technischen Hintergrund und sind fachlich irgendwann nicht mehr auf dem Laufenden. In einigen Fällen hat ein Manager möglicherweise ein oder mehrere Teammitglieder, die bestimmte Rollen ausfüllen, die für den Rest des Teams nur eine Randbedeutung haben – zum Beispiel der Computerspezialist oder der Buchhalter. In anderen Fällen ist der Manager womöglich für ein funktionsübergreifendes Team verantwortlich, in dem jeder Mitarbeiter einen anderen Fachbereich betreut – zum Beispiel ein Softwarespezialist, ein Hardwarespezialist, ein Ingenieur, ein Finanzexperte und ein Marketingexperte. Wie kann ein Manager über das nötige Fachwissen in all diesen Bereichen verfügen? Das häufigste Szenario ist aber wahrscheinlich einfach der Fall, bei dem ein Manager einem Mitarbeiter einen bestimmten Verantwortungsbereich überträgt, wie zum Beispiel das Management eines bestimmten Kunden oder eines internen Prozesses oder interner Ressourcen, und mit der Zeit entwickelt sich der Mitarbeiter auf diesem Gebiet zu einem firmeninternen Experten.

Wie können Sie in dieser komplizierten Situation Ihre Mitarbeiter verantwortlich machen? Durch Lernen. Sie müssen kein Experte auf dem jeweiligen Gebiet des Mitarbeiters werden, aber Sie sollten sich so viel Wissen aneignen, dass Sie diesen managen können. Wie Sie sich dieses Wissen aneignen? Lernen Sie, indem Sie diesen Mitarbeiter engmaschig managen. Manchmal müssen Sie ihm eine Zeitlang wie ein Schatten folgen. Beobachten Sie ihn bei der Arbeit. Sehen Sie, was er tatsächlich macht, und wie er dabei vorgeht.

Betrachten Sie sich als schlauen Kunden und Ihren Mitarbeiter als einen Profi, den Sie engagiert haben. Sie müssen kein Arzt sein, um zu wissen, ob ein Arzt gut oder schlecht ist. Es ist in Ordnung, wenn Sie nicht alles verstehen oder wissen, was die betreffende Person macht. Aber es ist nicht in Ordnung, unwissend zu bleiben. Seien Sie ein intelligenter, sorgfältiger, mündiger Kunde/Patient. Machen Sie Ihre Hausaufgaben, damit Sie auf Schritt und Tritt gute Fragen stellen können. Wenn Sie die Antworten nicht verstehen, dann sagen Sie es. Stellen Sie weitere Fragen. Lassen Sie nicht zu, dass man Sie abblitzen lässt. Holen Sie eine zweite Meinung ein – und eine dritte. Wenn Sie Ihre Erwartungen formulieren, konzentrieren Sie sich auf die Ergebnisse und stellen Sie viele Fragen: »Was genau machen Sie jetzt? Warum? Wie machen Sie das? Warum? Wie lauten die einzelnen Schritte? Worauf kommt es dabei an? Wie lange wird jeder Schritt dauern? Warum? Wie lauten die Richtlinien und Vorschriften?« Wenn die Antworten vage sind, dann drängen Sie auf Details. Sind die Antworten komplex, bitten Sie um Erklärungen.

Bleiben Sie auf die Ergebnisse fokussiert, während Sie die Leistung überwachen und messen. Betrachten Sie das Ergebnis der Arbeit und stellen Sie weitere Fragen: »Haben Sie gemacht, was Sie angekündigt haben? Warum beziehungsweise warum nicht? Wie haben Sie das gemacht? Wie lange hat jeder Schritt gedauert? Warum?« Drängen Sie auch hier auf Details und bitten Sie um Erklärungen. Und vergessen Sie nicht, auch Dritte zu fragen. Fragen Sie Kunden, Klienten, Lieferanten, Kollegen und andere Manager. Fragen Sie einen anderen Mitarbeiter, der eine ähnliche Arbeit verrichtet. Holen Sie immer eine zweite und dritte Meinung ein. Dokumentieren Sie die Grundlagen Ihrer Gespräche. Welche Erwartungen wurden festgelegt? Entspricht das Ergebnis den formulierten Erwartungen? Wenn Sie die Ergebnisse dokumentieren, dann bitten Sie den Experten, den Sie managen, was seiner Meinung nach dokumentiert werden sollte, und warum.

Mit der Zeit verstehen Sie die Arbeit dieses Mitarbeiters immer besser. Vielleicht werden Sie nie ein Experte auf diesem Gebiet, aber Sie werden sich immer besser auskennen und auch seine Arbeitsgewohnheiten und seine Erfolgsbilanz kennenlernen. Sie werden besser in der Lage sein, den Wahrheitsgehalt seiner Aussagen, seine Vertrauenswürdigkeit und seine Zuverlässigkeit einzuschätzen. Sie werden in der Lage sein zu bestimmen, ob dieser Mitarbeiter die erwartete Leistung erbringt oder nicht. Sie werden in der Lage sein, die von Ihnen geführten Gespräche anhand der Aussagen dieses Mitarbeiters und seiner Ausdrucksweise zu interpretieren. Gewiss werden Sie genug lernen, um ein guter Vorgesetzter zu sein.

Füllen Sie den Begriff Verantwortlichkeit mit Leben

Sie halten den Schlüssel in der Hand, um den Begriff Verantwortlichkeit mit Leben zu füllen. Sie sind der Hüter dieses Prozesses.

▶ Sorgen Sie dafür, dass Ihre Mitarbeiter wissen, dass sie oft und genau Rechenschaft über ihr Handeln ablegen müssen.

▶ Koppeln Sie jede Handlung der Mitarbeiter an tatsächliche Konsequenzen – Belohnungen und Sanktionen.

▶ Sorgen Sie dafür, dass Ihre Mitarbeiter im Voraus wissen, dass sie für ihr Handeln zur Verantwortung gezogen werden, damit sie ihr Verhalten entsprechend anpassen können, bevor es zu spät ist.

▶ Konzentrieren Sie sich auf Handlungen, die der Mitarbeiter kontrollieren kann.

▶ Seien Sie der Vorgesetzte, der dafür bekannt ist, dass er seine Mitarbeiter zur Verantwortung zieht.

▶ Heben Sie Ihre Standards an.

▶ Übernehmen Sie ab dem ersten Tag die Führung ... der erste Tag ist immer heute.

▶ Trennen Sie Ihre Rolle als Vorgesetzter von Ihren persönlichen Beziehungen.

- Wenn Sie keine Weisungsbefugnis haben, dann nutzen Sie Ihren Einfluss.
- Wenn Sie kein Fachwissen haben, dann agieren Sie wie ein sehr schlauer Kunde.

Manchmal haben Sie nur die Fähigkeit, Menschen um Erklärungen oder einen Bericht über ihr Vorgehen zu bitten. Diese Art der zwischenmenschlichen Verantwortlichkeit kann sehr wirkungsvoll sein. Das ist einer der Gründe, warum es so wichtig ist, vertrauensvolle Beziehungen zu den Mitarbeitern aufzubauen, die Sie managen. Sie sind am meisten auf deren Vertrauen und Selbstvertrauen angewiesen, wenn sie Ihnen Rede und Antwort stehen sollen. Sie wollen erreichen, dass es ihnen nicht egal ist, was Sie von ihnen halten. Es soll ihnen wirklich schwer fallen, Ihnen ins Gesicht zu sehen und Ihnen – nachdem Sie ganz klar geäußert haben, was Sie von ihnen erwarten – zu sagen: »Nein. Das habe ich nicht gemacht.«

Kapitel 6: Sagen Sie Ihren Mitarbeitern, was sie tun sollen und wie sie es tun sollen

Sie haben ein anspruchsvolles neues Projekt für einen Ihrer fähigsten Mitarbeiter, Sam. Sam hat wenig Erfahrung, ist aber äußerst clever und engagiert. Deswegen haben Sie ihn für dieses Projekt ausgewählt. Sie überreichen ihm einen Stapel Dokumente und sagen: »Das Erste, was ich von Ihnen möchte, ist, dass Sie diese Unterlagen durchlesen und ein Gefühl dafür bekommen, worum es hier geht.« Dann beschreiben Sie die Entstehung des Projekts, die anderen relevanten Mitspieler und das übergeordnete Ziel. Sie sagen zu Sam: »Ich bin nicht ganz sicher, wie das Endergebnis aussehen sollte. Was meinen Sie?« Das bildet den Auftakt zu einer fruchtbaren Diskussion, aber am Ende haben Sie keine konkreten Erwartungen an die Ergebnisse formuliert. Sie schlagen vor, Sam solle sich von seiner Kollegin Barb Informationen holen, die vor Kurzem an einem ähnlichen Projekt gearbeitet hat. Sie und Sam einigen sich darauf, dass er im Verlauf der Projektarbeit »seine eigene Lösung findet«. Nach einer halben Stunde beenden Sie das Gespräch mit der Mitteilung an Sam, dass das Projekt Priorität genießt. »Welche Frist hat das Projekt?«, will Sam wissen. Sie antworten »So kurz wie möglich.« Bevor Sam mit dem Stapel Unterlagen Ihr Büro verlässt, bitten Sie ihn, in ein paar Tagen mit Ihnen Rücksprache zu halten, um sicherzustellen, dass alles reibungslos läuft.

Es besteht die Gefahr, dass Sie Sam soeben zum Scheitern verurteilt haben. Auf jeden Fall haben Sie sichergestellt, dass er weniger leisten wird, als es ihm bei diesem Projekt möglich gewesen wäre. Er wird Tage, wenn nicht Wochen, damit verbringen, das Rad neu zu erfinden, nur um herauszufinden, welche Anforderungen das Projekt eigentlich stellt, damit er für sich selbst konkrete Ergebnisse formulieren kann. Und möglicherweise formuliert er die falschen Ergebnisse. Selbst wenn er hier keine Fehler macht, gelingt es ihm womöglich nicht, das Projekt fristgerecht abzuschließen. Denn schließlich gibt es wahrscheinlich eine echte Frist, auch wenn Sam sie erst erfahren wird, wenn er mitten im Projekt steckt. Wenn er wirklich gut ist und richtig viel Glück hat, schafft er es trotzdem. Doch selbst dann wird er am Endergebnis mit an Sicherheit grenzender Wahrscheinlichkeit erhebliche Veränderungen vornehmen müssen. Es könnte sich leicht herausstellen, dass es wichtige Einzelheiten gibt, von denen Sam überhaupt nichts wusste. Und diese Veränderungen werden dann in größter Eile geschehen müssen. Sicher wird Sam denken: »Warum haben Sie mir das alles nicht gleich gesagt?«

Unabhängig vom Ausgang des Projekts wird Sam wahrscheinlich eine negative Erfahrung machen, und das Endergebnis wird nicht so gut sein, wie es hätte sein können. Aber wie können Sie Sam überhaupt für seine Projektarbeit verantwortlich machen? Der Manager trägt eindeutig die Schuld, weil er ihm nicht von Anfang ganz klar gesagt hat, was er tun und wie er dabei vorgehen soll.

Ohne eindeutig formulierte Erwartungen ist Verantwortlichkeit ein leeres Wort

Denken Sie daran, dass das erste und wichtigste Element bei der Herstellung echter Verantwortlichkeit die Formulierung eindeutiger Erwartungen ist, und zwar bevor einem Mitarbeiter eine Aufgabe übertragen wird. Wenn Sie der Vorgesetzte sind, ist es Ihre oberste Verantwortung sicherzustellen, dass jeder Mitarbeiter, den Sie managen, genau versteht, was er tun und wie er dabei genau vorgehen soll.

Es ist wirklich erstaunlich, wie viele Manager an diesem Punkt protestieren: »Ich sollte meinen Mitarbeitern nicht sagen müssen, was sie zu tun haben und wie sie es zu tun haben. Sie sollten ihre Aufgaben kennen.« Im nächsten Atemzug beklagen sich dieselben Manager aber darüber, dass einige ihrer Mitarbeiter die Erwartungen oft nicht erfüllen, und die meisten Mitarbeiter zumindest gelegentlich hinter den Erwartungen zurückbleiben. Wie können Sie von Ihren Mitarbeitern erwarten, dass sie Erwartungen erfüllen – oder sogar übertreffen –, die ihnen nie irgendjemand in klaren, einfachen Worten mitgeteilt hat?

Und dennoch zögern die meisten Manager, Anweisungen zu erteilen. Sie wollen ihre Mitarbeiter nicht unter Druck setzen. Ihr Argument: »Einseitige Anweisungen sind nicht gut. Ich ziehe es vor, meinen Mitarbeitern viele Fragen zu stellen und ihre Meinung einzuholen. Ich höre zu und mache Vorschläge und versuche, sie zu den richtigen Schlussfolgerungen zu bringen. Und ich lasse zu, dass sie zu ihren eigenen Schlussfolgerungen kommen. Manchmal müssen Mitarbeiter Fehler machen und daraus lernen, damit sie sich weiterentwickeln und wachsen können. Ich möchte, dass sie sich als ‚Eigentümer' ihrer Projekte fühlen.«

Es ist einfach ein Irrglaube, dass das Erproben der falschen Vorgehensweisen eine gute Methode ist, um zu lernen, wie man es richtig macht. Wenn ein Mitarbeiter jedes Mal das Rad neu erfindet, wird er wahrscheinlich viel Zeit auf das Erlernen und Anwenden ungeeigneter Techniken verwenden, die er dann wieder »verlernen« muss. Versuch und Irrtum ist eine gute Methode zur Lösung eines neuen, unbekannten Problems, aber nicht für das Erlernen von Best Practices. Und es ist ganz gewiss keine gute Methode, um Mitarbeitern das Gefühl zu geben, es sei »ihr« Projekt. Sind Mitarbeiter denn wirklich jemals echte »Eigentümer« ihrer Arbeit? Oder werden sie nicht vielmehr bezahlt, um innerhalb eng definierter Parameter ganz spezifische Aufgaben zu erfüllen? Sind ihre Arbeit und die Vorgehensweisen zu deren Erledigung denn jemals wirklich ihnen überlassen? Mitarbeiter sind nur dann – innerhalb der gegebenen Grenzen – Herr über ihre Arbeit, wenn Manager genau spezifizieren, was sie tun und wie sie dabei vorgehen sollen.

Die Wahrheit ist, dass die meisten Manager diesen »Moderatorenansatz« wählen, anstatt den vorgabenorientierten Ansatz zu verfolgen, weil Ersterer erlaubt, den unangenehmen Spannungen aus dem Weg zu gehen, die daraus entstehen, dass man anderen Menschen genaue Anweisungen erteilt.

Echte Manager erteilen aber Anweisungen. Anweisungen sind nichts anderes als zwingende Vorgaben. Wenn Ihnen die Vorstellung, Anweisungen zu erteilen, missfällt, dann stellen Sie sich vor, Sie würden einem Lieferanten einen Auftrag erteilen. Stellen Sie sich vor, Ihr Mitarbeiter sei selbstständig, habe sein eigenes Unternehmen und Sie seien sein Kunde. Jedes Mal, wenn Sie ihm eine Aufgabe übertragen, stellen Sie sich vor, Sie würden einem Lieferanten einen Auftrag erteilen. Sind alle Auftragsbedingungen im Auftrag enthalten? Haben Sie die Serviceleistung oder das Produkt genau benannt, für das Sie bezahlen, inklusive seiner technischen Einzelheiten und des Lieferdatums? Wenn Sie von einem Mitarbeiter irgendeine Leistung erwarten, dann müssen Sie ihm genau sagen, was er tun soll. Wenn Sie von ihm erwarten, dass er diese Leistung auf eine bestimmte Art und Weise erbringt, dann müssen Sie ihm genau vorgeben, wie er dabei vorgehen soll.

Wenn Sie wirklich an den Moderatorenansatz und nicht an den vorgabenorientierten Managementansatz glauben, dann müssen Sie ein sehr direkter Moderator sein. Ja, Managementgespräche sollten interaktive Dialoge sein. Das bedeutet, dass Sie wirklich gute Fragen stellen müssen.

➤ Stellen Sie grundlegende Fragen: »Können Sie das leisten? Sind Sie sicher? Was brauchen Sie dafür von mir?

➤ Stellen Sie Testfragen: »Wie werden Sie dabei vorgehen? Wie beginnen Sie? Welche Schritte werden Sie unternehmen?«

➤ Stellen Sie kurze, fokussierende Fragen: »Wie lange wird dieser Schritt dauern? Wie lange wird jener Schritt dauern? Wie sieht Ihre Checkliste aus?«

Wie weit sollten Ihre Versuche gehen, Ihren Mitarbeiter zu seinen eigenen Schlussfolgerungen kommen zu lassen? Das hängt davon ab, wie viel Zeit Sie haben. Seien Sie darauf vorbereitet, dass Sie in dieser Diskussion viele Umwege machen müssen. Haben Sie dafür Zeit?

Bitten Sie Ihren Mitarbeiter, laut darüber nachzudenken, wie er an eine Aufgabe herangehen will und leiten Sie ihn dann geschickt und schnellstmöglich zu den richtigen Schlussfolgerungen.

▸ Hören Sie aufmerksam zu, was der Mitarbeiter sagt und treffen Sie eine schnelle Bewertung, wie gut er die Anforderungen der vorliegenden Aufgabe versteht.

▸ Achten Sie genau auf Lücken in seinem Ansatz.

▸ Bitten Sie ihn, so lange laut nachzudenken, bis sein Ansatz lückenlos ist.

Moderieren Sie. Stellen Sie Fragen. Holen Sie seine Meinung ein. Lassen Sie Ihren Mitarbeiter laut denken. Machen Sie Vorschläge. Aber vergessen Sie nie, dass es Ihre Aufgabe ist, dafür zu sorgen, dass jeder Mitarbeiter auf Schritt und Tritt weiß, was genau von ihm erwartet wird, was er tun und wie er dabei vorgehen soll.

Wie können Sie dauerhaft für klare Erwartungen sorgen, wenn sich die Erwartungen täglich ändern?

Nicht wenige Manager bringt es in Verlegenheit, dass sich die Dinge so oft und schnell verändern – als ob diese Veränderungen der Beweis wären, dass sie eigentlich überhaupt keine Ahnung haben, was sie eigentlich machen. Manager winden sich, wenn sie ihren Mitarbeitern sagen: »Ich weiß, dass ich gestern gesagt habe, das Wichtigste sei A, B und C. Aber von jetzt an spielt das keine Rolle mehr. Tut mir Leid für die ganze Arbeit, die Sie schon darauf verwendet haben. Jetzt ist das Wichtigste X, Y und Z ...«

Lassen Sie sich durch Veränderung nicht in Verlegenheit bringen. Das war nicht Ihre Idee. Ungewissheit ist die neue Gewissheit, nicht wahr? Wenn sich die Prioritäten verändern, verändern sich auch die Erwartungen. Das ist nur ein weiterer Beweis dafür, wie wichtig es ist, dass man seinen Mitarbeitern sagt, was sie zu tun haben und wie sie es tun sollen. Denn wer ist schließlich derjenige, der jedem Mitarbeiter erklärt:

➤ welche Prioritäten sich heute verschoben und verändert haben?
➤ worauf sie sich heute konzentrieren sollen?
➤ wie die Erwartungen heute lauten?

Ich fürchte, das sind mal wieder Sie. Schließlich sind Sie der Chef.

Wenn Sie sich auf die Aufgaben konzentrieren, werden sie erledigt

Wenn Sie jemals in der Gastronomie gearbeitet haben, dann wissen Sie, dass in Restaurants ein hoher Arbeitsdruck herrscht. Alle sind ständig in Bewegung, jeder ist in Eile, jeder erledigt zahlreiche Aufgaben gleichzeitig und jeder arbeitet mit anderen zusammen oder hängt in seiner Arbeit von Dritten ab. Wie schaffen es Restaurantmanager, für einen reibungslosen Ablauf zu sorgen? Ein alter Hase aus der Gastronomie sagte mir einmal: »Der Manager muss dafür sorgen, dass alle Arbeiten erledigt werden, indem er ständig von den hinteren Räumen in den Gastraum und wieder zurück geht und dabei die ganze Zeit Anweisungen erteilt. Ich arbeite nach der Regel ‚Wenn man sich nicht auf die Aufgaben konzentriert, werden sie nicht erledigt. Wenn man sich darauf konzentriert, werden sie erledigt.‘«

Eine weitere Sache, die man über die Gastronomie wissen muss, ist, dass die Gewinnspannen gering sind. Da Lebensmittel den größten Anteil an den variablen Kosten eines Restaurants ausmachen, ist es wichtig, die Lebensmittelkosten zu steuern. Und letztlich bedeutet das, die Portionsgrößen und den Abfall zu steuern. Einer meiner Kunden ist eine mittelgroße Restaurantkette, die stetig gewachsen ist und in wenigen Jahren viele neue Restaurants eröffnet hat. Während der Wachstumsphase hatte das Unternehmen die Portionsgrößen aus den Augen verloren. Die neuen Mitarbeiter in den gerade eröffneten Restaurants richteten einfach zu große Portionen auf den Tellern an. Das Problem war nicht, dass es an Richtlinien über die Portionsgrößen gemangelt hätte, sondern dass diese nicht eingehalten wurden. Der leitende Geschäftsführer berichtete mir: »Nach wenigen Monaten wurde offensichtlich, dass wir große Probleme hatten. Es ging unter Umständen um mehrere Millionen Dollar. Das war eine Entwicklung, die wir uns nicht leisten konnten. Wir mussten die Portionsgrößen unbedingt in den Griff bekommen.«

Was tat das Unternehmen? »Wir erstellten neue Richtlinien über die Portionsgrößen, die leichter einzuhalten waren, und verteilten Portionierbesteck, das den angemessenen Portionsgrößen entsprach. Das Effektivste, was wir einführten, war jedoch der tägliche morgendliche Anruf des Bezirksmanagers bei den Geschäftsführern aller Restaurants, um diese an die Kontrolle der Portionsgrößen zu erinnern. Die Geschäftsführer sprachen also jeden Tag mit ihrem jeweiligen Küchenchef und seiner Mannschaft, um sie auf die Einhaltung der Richtlinien zur Portionierung und die Verwendung der Portionierhilfen zu fokussieren.« Hat das funktioniert? »Innerhalb weniger Tage – und ich meine wirklich Tage – sanken die Lebensmittelkosten deutlich«, erklärte der Geschäftsführer.

Konzentrieren Sie sich auf die Aufgabe, und sie wird erledigt.

Entwickeln Sie eine Obsession für betriebliche Standardverfahren

Die Lebensmittelkosten im Restaurant sanken – außer den Kosten für Hackbraten und Roastbeef. Diese Kosten bewegten sich keinen Zentimeter. Warum? »Wir erkannten, dass Hackbraten und Roastbeef beide in der Küche geschnitten werden müssen. Die alte Richtlinie besagte, dass jede Portionsscheibe einen halben Zentimeter dick sein sollte. Die neue Richtlinie verlangte dasselbe und beinhaltete sogar die Abbildung einer korrekt geschnittenen Scheibe. Die Köche schnitten das Fleisch jedoch nach Augenmaß und dabei wurden die Scheiben immer ein wenig zu dick. Folglich schnitten sie überflüssigerweise von ganz neuen Fleischstücken ab, was zu einer Menge Verlust führte.«

Wie sah die Lösung aus? »Wir sprachen mit den Küchenchefs in anderen Restaurants, die viel Hackbraten und Roastbeef verkauften, ihre Fleischkosten aber immer innerhalb des Budgets hielten. Es stellte sich heraus, dass es einen Trick gab, den alle zu kennen schienen: Sie benutzten einen Spachtel, der einen halben Zentimeter dick war, als Maßeinheit. Ganz einfach. Wir erkannten, dass wir diese Best Practice unbedingt an alle anderen Küchen kommunizieren und daraus ein betriebliches Standardverfahren machen mussten.«

Es ist erstaunlich, wie oft Best Practices in Unternehmen verborgen bleiben. Kluge Unternehmen halten ständig Ausschau nach erfahrenen Mitarbeitern an der Front, die die effektivste Methode zur Erledigung einer Aufgabe gefunden haben. Wenn sie bessere Durchführungsmethoden finden, dann nennen sie das »Best Practice«. Aber der wahre Trick besteht darin, die Mitarbeiter des gesamten Unternehmens dazu zu bewegen, die Best Practices anzuwenden.

Der beste Weg, um das zu erreichen, ist, die Best Practices in betriebliche Standardverfahren zu verwandeln und dann von den Mitarbeitern zu verlangen, dass sie diese Verfahren genau einhalten. Einigen Unternehmen gelingt das besser als anderen.

Der Seniorchef einer Wirtschaftsprüfungsgesellschaft drückte es folgendermaßen aus: »Wenn ich die Buchhaltung für jemanden machen würde, würde ich ein Hauptbuchsystem anwenden, nicht wahr? Ich würde nicht einfach irgendetwas improvisieren ... Dasselbe gilt für die Durchführung eines Audits. Es gibt ganz konkrete Schritte, die Sie bei einem Audit befolgen müssen. Alle unsere Wirtschaftsprüfer wissen das ... Wir haben diese Logik auf alle anfallenden Arbeiten in diesem Unternehmen übertragen. Wir haben für alles Checklisten. Und wir verlangen von unseren Mitarbeitern, dass sie sie verwenden.«

Der Vorstand einer Forschungseinrichtung für Nuklearwaffen drückte es so aus: »Wir hegen eine Obsession für betriebliche Standardverfahren. Wenn wir die Standardverfahren nicht befolgen, könnte das zu einer Katastrophe epischen Ausmaßes führen. Das wird jedoch nie geschehen, weil niemand hier auch nur einen Gedanken daran verschwenden würde, von den Standardverfahren abzuweichen. Wir haben für jede einzelne Aufgabe in dieser Einrichtung Schritt-für-Schritt-Verfahren, und jeder hält sich daran, sodass praktisch garantiert ist, dass es keine Zwischenfälle gibt.« Dieselbe Präzision gilt für Flugzeugcockpits und Operationssäle in Krankenhäusern: Checklisten über jeden einzelnen Schritt leiten auch erfahrene Profis jedes Mal durch die Standardverfahren.

Immer wenn qualifizierte und gut geschulte Mitarbeiter entscheidende Aufgaben verrichten, kann man die rigorose Verwendung von betrieblichen Standardverfahren und Checklisten beobachten. Das liegt daran, dass die rigorose Verwendung von Standardverfahren und Checklisten die Fehlerquoten senkt und gleichzeitig die Qualität und Effizienz verbessert. Wenn Sie von Ihren Mitarbeitern verlangen, dass sie Schritt-für-Schritt-Checklisten befolgen, sagen Sie damit jedem Mitarbeiter ganz genau, was er zu tun hat und wie er dabei vorgehen soll. Und Sie machen es wesentlich leichter, jeden Einzelnen zur Verantwortung zu ziehen.

»Ich tätowiere es Ihnen in den Unterarm«

Ich will Ihnen noch ein anderes Beispiel aus der Gastronomie erzählen. Dabei handelt es sich um eine Geschichte über das Frittieren großer Mengen von Pommes frites. Einer meiner Kunden, eine Familienrestaurantkette mit Bedienung, hat auch Pommes frites auf der Speisekarte – normale oder scharf gewürzte Pommes frites als Beilage zu zahlreichen Gerichten. Wenn Sie in einem Restaurant Pommes frites bestellen, bekommen Sie üblicherweise lauwarme, aufgeweichte Pommes – wahrscheinlich frittiert der Koch große Mengen auf einmal, damit sie bei Bestellung gleich servierfertig sind. Eine große Menge an normalen Pommes und eine ebenso große Menge an würzigen Pommes, die kurz vor dem Mittagsansturm vorfrittiert werden, reichen dem Koch meistens für die Hälfte der Stoßzeit am Mittag – eine verführerische Schnelllösung für einen Koch, der versucht, im hektischen Mittagsgeschäft die Übersicht zu behalten. Das Frittieren großer Mengen auf einmal ist gewiss leichter und besser zu kontrollieren als das stetige Frittieren kleiner Mengen während der gesamten Mittagszeit.

Das Problem? Die meisten Menschen hassen kalte, matschige Pommes und lassen sie zurückgehen. Die Kellner müssen zurück in die Küche laufen, um neue Pommes zu holen, aber die sind auch nicht heiß. Die Gäste bekommen noch mehr kalte, matschige Pommes, geben weniger Trinkgeld und kommen vielleicht nie wieder. Kurz gesagt: Es ist nicht gut, kalte, matschige Pommes zu servieren.

Die Lösung, so meint ein erfahrener Manager, ist ganz einfach: »Frittieren Sie keine großen Mengen Pommes auf einmal! Wenn Sie an der Friteuse arbeiten, dann können Sie einen Rhythmus finden, die Pommes frites immer direkt auf Bestellung zuzubereiten. Ja, das stellt höhere Anforderungen an den Koch, aber Sie müssen unmissverständlich deutlich machen: ‚Wir frittieren keine großen Mengen Pommes auf einmal!‘ Vor einigen Jahren habe ich einem Koch gesagt: ‚Ich werde es Ihnen auf den Unterarm tätowieren: keine großen Mengen Pommes auf einmal!‘«

Ein anderer Manager drückte es folgendermaßen aus: »Sie müssen es gebetsmühlenartig wiederholen: ‚Machen Sie den Frittierkorb nur halb voll, machen Sie den Frittierkorb nur halb voll, machen Sie den Frittierkorb nur halb voll.‘ Ich komme mir vor wie eine Schallplatte, die einen Sprung hat. Ich glaube, als Manager müssen Sie ‚nachhaken, nachhaken, nachhaken.‘ Nur so erzielen Sie Ergebnisse.« Ich war kein bisschen überrascht, als ich später herausfand, dass dieser Restaurantmanager konstant die besten Zahlen im ganzen Unternehmen geliefert hatte – Jahr für Jahr.

Lektion verstanden?

▶ Machen Sie aus den Best Practices betriebliche Standardverfahren.

▸ Bringen Sie jedem einzelnen Mitarbeiter die Standardverfahren bei und verlangen sie deren Einhaltung.

▸ Wiederholen Sie die betrieblichen Standardverfahren gebetsmühlenartig, bis Sie wie eine zersprungene Schallplatte klingen.

▸ Geben Sie Ihren Mitarbeitern wenn irgend möglich genaue Checklisten, die jeden einzelnen Schritt beschreiben.

▸ Haken Sie nach, haken Sie nach, haken Sie nach.

Jede Aufgabe hat Parameter

Einige Aufgaben setzen voraus, dass Mitarbeiter Risiken eingehen und Fehler machen, zum Beispiel Aufgaben, die Kreativität und Innovationskraft erfordern. Die Idee dabei ist, etwas ganz Neues und Andersartiges zu erschaffen. Wie können Sie Mitarbeitern bei dieser Art Aufgaben sagen, was sie genau tun und wie sie dabei vorgehen sollen?

Wenn es in der Natur der Aufgabe eines Mitarbeiters liegt, Kreativität zu beweisen, dann ist der größte Gefallen, den Sie ihm tun können, unmissverständlich festzulegen, was *nicht* in seinem Ermessensspielraum liegt. Legen Sie die Parameter fest, innerhalb derer er sich bewegen kann. Wenn Sie Ihrem Mitarbeiter gar keine Beschränkungen auferlegen wollen – weder Richtlinien noch Ziele –, dann definieren Sie genau, *welche* Parameter sich festlegen lassen. Gibt es eine zeitliche Frist? Oder bezahlen Sie Ihren Mitarbeiter dafür, ad infinitum kreative Ideen zu entwickeln? Woher werden Sie wissen, wann er »fertig« ist? Woran werden Sie das fertige Endprodukt oder Ergebnis erkennen? Wenn Sie wollen, dass Ihr Mitarbeiter die Freiheit besitzt, Risiken einzugehen und Fehler zu machen, dann müssen Sie das als eine konkrete Aufgabe formulieren: »Ich möchte, dass Sie Risiken eingehen und Fehler machen.« Vielleicht müssen Sie ihm sagen, wie viele Risiken er eingehen darf und soll, und wie viele Fehler er machen kann. Vielleicht aber auch nicht. Aber Sie müssen Parameter festlegen, um einen Raum zu schaffen, in dem es eine absolut gefahrlose Angelegenheit ist, Risiken und Fehler zu begehen – im Rahmen der Aufgabenstellung.

Manchmal wenn Manager »kreative« Aufgaben übertragen, dann ist es eigentlich so, dass sie kein klares Ziel vor Augen haben und nicht wissen, wonach sie suchen ... noch nicht. Also bitten sie einen Mitarbeiter, »mal loszulegen«, damit sie etwas haben, das sie untersuchen und als Ausgangspunkt benutzen können. Das ist nichts anderes, als wenn ein Manager einen Mitarbeiter dazu benutzt, die frühen Phasen eines kreativen Prozesses auszuarbeiten. Wenn der Manager seinem Mitarbeiter jedoch nicht erklärt hat, welche Rolle er bei dieser Aufgabe erfüllt, kann das eine frustrierende Erfahrung sein. Der Mitarbeiter arbeitet intensiv an einem Projekt, nur damit sein Chef ihn immer wieder zurück ans Zeichenbrett schickt, um seine Entwürfe ein ums andere Mal zu überarbeiten; oder der Chef übernimmt das gesamte Projekt schließlich und überarbeitet es selbst. Das gibt dem Mitarbeiter das Gefühl, der Manager beanspruche das Projekt für sich, und seine Arbeit und seine Anstrengungen seien völlig umsonst gewesen.

Selbst wenn die Ziele einer Aufgabe unklar sind, ist es trotzdem entscheidend, dass Sie dem Mitarbeiter mitteilen, was Sie über die Aufgabe wissen und welche Rolle er nach Ihrer Erwartung dabei spielen soll. Sagen Sie ihm: »Ich weiß noch nicht genau, wonach ich suche, aber ich brauchen Sie, um einfach mal anzufangen, damit ich eine Grundlage als Ausgangspunkt habe. Ich will hier ganz klar sein. Das ist mein Projekt, und ich bitte Sie nur, den kreativen Prozess in Gang zu bringen. Ich bitte Sie, einen groben Entwurf zu skizzieren, den Sie wahrscheinlich wiederholt überarbeiten müssen. Und es ist wahrscheinlich, dass ich den Entwurf an einem bestimmten Punkt übernehme und ihn selbst abschließend überarbeite. Die Aufgabe muss bis zum soundsovielten abgeschlossen sein. Denken Sie, Sie können das schaffen?«

Jede Aufgabe hat Parameter. Als Chef müssen Sie sie eindeutig und sorgfältig festlegen – egal wie wenige oder lose sie sein mögen –, damit Ihr Mitarbeiter genau versteht, was von ihm erwartet wird.

Mikromanagement versus mangelndes Management

In Kapitel 1 habe ich argumentiert, Mikromanagement sei im Grunde ein einziges Ablenkungsmanöver. Gewöhnlich ist das, was Leute als Mikromanagement bezeichnen, vielmehr ein Beispiel von mangelndem Mitarbeitermanagement – also Manager, die ihren Mitarbeitern nicht sagen, was sie zu tun haben und wie sie dabei vorgehen sollen. Allerdings gibt es natürlich auch Fälle, in denen Manager zu viel des Guten tun.

Wenn ein Manager zum Beispiel hinter einem Schreiner steht, ihm über die Schulter blickt und vorgibt: »Nagel Nummer eins muss genau hier hinein.« HÄMMER, HÄMMER, HÄMMER. »Okay?« Dann sagt er: »Nagel Nummer zwei muss hier hin.« HÄMMER, HÄMMER, HÄMMER. Doch dann nimmt er den Hammer und macht es selbst vor: »Nicht hier, sondern hier.« HÄMMER, HÄMMER, HÄMMER. »Okay? Und jetzt schlage ich genau hier den Nagel Nummer drei ein.« HÄMMER, HÄMMER, HÄMMER. Vielleicht ist das ein echter Fall von Mikromanagement: ein Hammer, zwei Leute. Der Manager benutzt den Mitarbeiter bei der Verrichtung der Arbeit als Marionette.

Was ist also schlimmer? Mikromanagement oder mangelndes Management? Wenn Sie zwischen beidem wählen müssten, wofür würden Sie sich entscheiden?

Was läuft schief, wenn Sie Ihre Mitarbeiter nicht managen? Brandherde entstehen, die sich ansonsten nie entzündet hätten. Feuer, die schnell hätten gelöscht werden können, geraten außer Kontrolle. Ressourcen werden verschwendet. Menschen steuern für Tage oder Wochen in die falsche Richtung, bevor es irgendjemand bemerkt. Leistungsschwache Mitarbeiter ruhen sich aus und kassieren dennoch ihr Gehalt. Mittelmäßige Mitarbeiter halten sich selbst irrtümlich für leistungsstark. Leistungsstarke Mitarbeiter sind frustriert und halten Ausschau nach einem anderen Job. Und Manager erledigen eine Menge Aufgaben, die sie an jemand anderes hätten delegieren sollen. Als Krönung bemerken Sie selbst die ganzen Probleme erst, wenn diese eine handfeste Krise ausgelöst haben.

Lassen Sie uns nun betrachten, was beim Mikromanagement – ein Hammer, zwei Leute – passiert. Was läuft hier falsch? Sie irritieren Ihre Mitarbeiter. Das ist alles. Die gute Nachricht ist, dass Sie, wenn Sie wirklich alles bis ins letzte Detail managen, das wahrscheinlich ziemlich schnell erkennen werden. Dann nehmen Sie sich einfach ein wenig zurück. Es ist nichts passiert. Wenn ich wählen müsste, würde ich mich für Mikromanagement entscheiden.

Ganz nebenbei, werfen Sie einen zweiten Blick auf das zuvor zitierte Beispiel für Mikromanagement mit dem Schreiner. Und wenn es der erste Arbeitstag des Schreiners war? Und wenn der Vorarbeiter dem neuen Schreiner Schritt für Schritt die Best Practices gezeigt hat? In diesem Fall handelt es sich keineswegs um Mikromanagement. Oder? Dann handelt es sich um Unterstützung und Entwicklung.

Delegation ist die wahre Kunst des Empowerments

Wenn es so etwas wie Mikromanagement überhaupt gibt, dann ist Delegation mit Sicherheit das Gegenmittel. Einige Manager machen den Fehler zu denken, dass Delegation bedeutet, die Kontrolle abzugeben. Leider hat Delegation rein gar nichts damit zu tun, die Kontrolle oder sogar die Arbeit abzugeben. Delegation bedeutet, dass die Erledigung bestimmter Aufgaben Dritten übertragen wird, und das ist eine intensive und aktive Angelegenheit.

Delegation ist die wahre Kunst des Empowerments, wenngleich eine ziemlich banale Kunst. Delegation bedeutet schlicht und ergreifend, Ziele, Vorschriften und Fristen unmissverständlich. Das könnte zum Beispiel so aussehen: »Ich möchte, dass Sie bis Dienstag, 15 Uhr, eine Kiste entwerfen und anfertigen. Sie soll aus Holz sein, kleiner als ein Kühlschrank und größer als ein Brotkasten. Sie kann gelb sein, aber goldfarben ist auch eine Möglichkeit. (Verstehen Sie den Unterschied zwischen gelb und goldfarben?) Das sind die genauen Vorgaben. Alles andere ist Ihre Entscheidung. Haben Sie das verstanden? Lassen Sie uns das schriftlich festhalten, so als wäre es eine Arbeitsanweisung.«

Der wahre Trick bei der effektiven Delegation von Aufgaben besteht darin, die Ziele, Richtlinien und Fristen herauszufinden, die für jeden einzelnen Mitarbeiter und die jeweilige Aufgabe angemessen sind. Wie groß sollten die Ziele sein? Wie lang sollten die Fristen sein? Wie viele Richtlinien sind für jedes Ziel nötig? Das sind alles flexible Faktoren. Aus diesem Grund sollte kein Manager jemals meinen, er könne sich aus der Verantwortung stehlen. Selbst der beste Mitarbeiter hat gelegentlich einen schlechten Tag oder ist mit Herausforderungen konfrontiert, die die Aufmerksamkeit des Managers erfordern.

Hier eine einfach Regel, an die Sie sich halten können, wenn Sie eine Aufgabe delegieren: Fangen Sie klein an. Wenn ein Mitarbeiter eine überschaubare Aufgabe mit einer kurzen Frist erfolgreich erledigt und alle Anforderungen erfüllt, dann können Sie ihm ein Projekt mit einem anspruchsvolleren Ziel oder mehreren Zielen und einer längeren Projektlaufzeit übertragen. In dem Maße, wie ein Mitarbeiter beweist, dass er seine Aufgaben beherrscht und gute Ergebnisse abliefert, können Sie die Anzahl und Bedeutung der Aufgaben, die Sie ihm übertragen, schrittweise steigern, bis Sie die Grenze der Verantwortlichkeit des Mitarbeiters erreicht haben. Wenn Ihr Mitarbeiter diesen Punkt erreicht hat, können Sie ihn weiter fördern, indem Sie gemeinsam Projektplanungsinstrumente verwenden. Helfen Sie ihm dabei, langfristige Projekte zu planen und sie mit klaren Meilensteinen zu versehen. Legen Sie den Fokus auf persönliche Einzelgespräche, um seine Fortschritte in der Erreichung der Meilensteine zu überprüfen. Geben Sie ihm auf Schritt und Tritt Feedback und empfehlen Sie Korrekturen. Mit der Zeit wird er in der Lage sein, immer größere und komplexere Projekte zu betreuen. Die rigorose Anwendung von Projektplanungsinstrumenten ist ein weiteres gut gehütetes, geheimes Element echten Empowerments.

Im Lauf der Zeit schafft effektive Delegation echtes Empowerment, weil es ein ganz genaues Terrain absteckt, innerhalb dessen der betreffende Mitarbeiter über eigenständige Entscheidungsbefugnisse verfügt. Gleichzeitig lernen Mitarbeiter, sich selbst zu managen.

Hier die gute Nachricht: Wenn Sie Ihren Mitarbeitern immer wieder sagen, was sie zu tun haben und wie sie dabei vorgehen sollen, beginnen diese, das zu tun, was Sie wollen und dabei so vorzugehen, wie Sie es wollen. Legen Sie Standardverfahren fest und geben Sie Ihren Mitarbeitern Checklisten, die jeden einzelnen Schritt erklären, und Ihre Mitarbeiter werden sich daran halten. Wenn sie die Standardverfahren anwenden, lernen sie durch die reine Wiederholung automatisch die Best Practices. Verhelfen Sie Ihren Mitarbeitern zu erstklassigen Gewohnheiten, indem Sie effektiv delegieren; demonstrieren Sie, dass Selbstmanagement bedeutet, ständig Rechenschaft abzulegen: Was wird von mir erwartet? Was kann ich tun, um mich zu verbessern? Was brauche ich, um mein Vorgehen zu überprüfen und zu verbessern? Helfen Sie jedem Mitarbeiter dabei zu lernen, kontinuierlich die Prioritäten, Erwartungen, Pläne, Handlungsschritte und Fristen zu klären. Mit der Zeit können Sie durch aktives Delegieren den Verantwortungsbereich jedes einzelnen Mitarbeiters immer weiter ausdehnen.

Kapitel 7: Verfolgen Sie die Leistung Ihrer Mitarbeiter auf Schritt und Tritt

Stellen Sie sich eine Chefin vor, die Ihre Leistung und die aller anderen Mitarbeiter in Ihrem Team täglich verfolgt. Sie weiß, woran Sie in der Vergangenheit gearbeitet haben, woran Sie derzeit arbeiten und welche Aufgaben Sie anschließend erledigen werden. Eines ihrer Mantras lautet: »Halten wir das schriftlich fest.« Sie macht sich immer gründliche, gut strukturierte und akkurate Notizen, auf die sie sich in nachfolgenden Gesprächen bezieht. Tatsächlich verwenden Sie beide ihr schriftliches System der Leistungsverfolgung so intensiv als Leitfaden für Ihre Arbeit, dass es bei der Jahresbeurteilung nie irgendwelche Überraschungen gibt. Sie ist eine Vorgesetzte, die über alle Details im Bilde ist. Sie ist eine Vorgesetzte, die Einfluss und Wirkung hat, die Sie zur Verantwortung zieht. Sie ist eine Vorgesetzte, die Sie respektieren, nicht wahr?

Nun stellen Sie sich eine Chefin vor, die weder Ihre Leistung noch die Ihrer Teamkollegen täglich überprüft. Sie scheint nie genau zu wissen, wer was macht, beziehungsweise warum. Oft weiß sie gar nicht, wo ihre Mitarbeiter gerade stecken. Es hat den Anschein, als wisse sie lediglich über die grundlegendsten Arbeitsinhalte ihrer Mitarbeiter Bescheid. Sie hat ihre Abteilung nicht im Griff und kann ihre Mitarbeiter nicht zur Verantwortung ziehen. Und respektiert wird sie auch nicht.

Welcher Managertyp sind Sie? Wissen Sie über alle Details Bescheid oder haben Sie die Zügel nicht in der Hand? Ich rate mal, dass Sie – wie die meisten Manager – sich irgendwo in der Mitte befinden. Wenn es darum geht, Mitarbeiterleistungen zu verfolgen, machen sich die meisten Manager Aufzeichnungen über Dinge wie geleistete Arbeitsstunden, Selbstpräsentation und die Ergebniszahlen, die in Wochen- oder Monatsberichten auftauchen. Ansonsten überwachen Manager die Leistung ihrer Mitarbeiter nur gelegentlich – wenn sie einen Mitarbeiter zufällig beim Arbeiten beobachten, wenn ihnen das Arbeitsergebnis eines Mitarbeiters präsentiert wird, wenn jemand ein herausragendes Ergebnis erzielt oder wenn ein größeres Problem auftritt. Aber nur selten dokumentieren sie regelmäßig die Leistung ihrer Mitarbeiter, es sei denn, es werde von ihnen verlangt; und so verfügen sie über keine anderen schriftlichen Dokumente als die auf Zahlen basierenden Ergebnisberichte, die so wenig über die tägliche Arbeit eines Mitarbeiters aussagen.

Je weniger Sie über die tägliche Arbeit Ihrer Mitarbeiter wissen, desto weniger Bezug haben Sie zu ihnen und desto weniger werden Sie in der Lage sein:

➤ Anleitung, Führung, Coaching und praktische Schulungen am Arbeitsplatz zu bieten;

➤ die erforderlichen Ressourcen zu bestimmen;

➤ Probleme zu antizipieren und kleine Routinefehler unverzüglich zu korrigieren;

➤ Mitarbeiterkonflikte zu minimieren;

➤ unangemessene Verhaltensweisen zu verhindern;

➤ dafür zu sorgen, dass sich alle auf ihre Arbeit konzentrieren;

➤ ehrgeizige, aber sinnvolle Ziele und Fristen zu setzen;

➤ den richtigen Verantwortungsumfang zu bestimmen, den Sie einem Mitarbeiter übertragen;

➤ die Ergebnisse mit den Erwartungen abzugleichen;

➤ Ihre Mitarbeiter für ihr Handeln zur Verantwortung zu ziehen;

➤ Ihre Mitarbeiter durch eine gerechte Verknüpfung ihrer Leistungen mit Belohnungen oder Sanktionen zu motivieren;

▸ zu verhindern, dass sich mittelmäßige und leistungsschwache Mitarbeiter bequem in ihren Sesseln einrichten;
▸ zu verhindern, dass leistungsstarke Mitarbeiter das Unternehmen verlassen;
▸ den besten Mitarbeitern dabei zu helfen, sich zu Führungskräften zu entwickeln.

Wissen ist Macht

Wenn Sie ein Manager sind, der über alle Details Bescheid weiß, werden Sie dagegen respektiert und verfügen allein schon deswegen über Einfluss, weil Sie die Leistung Ihrer Mitarbeiter so genau beobachten. Mit diesem Wissen über jeden einzelnen Mitarbeiter und seine Arbeit sind Sie in der Position, Entscheidungen zu treffen, die die Produktivität, die Qualität und die Arbeitserfahrungen Ihrer Mitarbeiter verbessern. Sie sind in der Position, Ihre Mitarbeiter auf Erfolgskurs zu bringen und sie kontinuierlich darin zu unterstützen, ihre Arbeit zu verbessern und ihre Fähigkeiten weiterzuentwickeln. Wenn Sie negative Konsequenzen verhängen müssen, werden Sie in der Lage sein zu beweisen, dass Ihre Entscheidung auf einer detaillierten schriftlichen Ergebnisbilanz basiert. Wenn der Zeitpunkt für eine Belohnung herausragender Mitarbeiter gekommen ist, dann werden Sie über eine detaillierte schriftliche Ergebnisbilanz verfügen, die Ihnen dabei hilft, Ihre Befürwortung einer Belohnung zu vertreten und eine möglichst großzügige Belohnung sicherzustellen.

Reputation bedeutet Glaubwürdigkeit. Je besser Ihre Reputation ist, jemand zu sein, der sich um alle Details kümmert, desto mehr Einfluss haben Sie – selbst wenn Sie sich in einer bestimmten Situation nicht so gut auskennen. Warum? Weil die Menschen Ihnen wahrscheinlich wesentlich bereitwilliger Auskunft geben und Ihre Fragen umfassend und ehrlich beantworten. Denn sie werden denken, dass Sie die Informationen oder Antworten auf Ihre Fragen bereits kennen. Außerdem werden sie viel stärker auf die Details ihrer Arbeit achten, wenn sie wissen, dass Sie diese begutachten werden. »Überwachung von außen erzeugt ein hohes Maß an Selbstüberwachung«, sagte mir einmal eine Führungskraft aus dem Bereich der Nachrichtendienste. »Wenn die Menschen wissen, dass sie beobachtet werden, passen sie auf, was sie sagen und sind wesentlich sorgfältiger in ihrer Arbeit.«

Der Manager eines Forschungsunternehmens berichtete mir Folgendes: »Ich überprüfe stichprobenartig die Arbeit aller Mitarbeiter. Und ich unternehme große Anstrengungen, um alle Details zu überprüfen. Ungefähr ein oder zwei Mal pro Woche weise ich jeden Mitarbeiter auf bestimmte Details seiner Arbeit hin, zum Beispiel: ‚Sie erinnern sich an die E-Mail, die Sie letzten Freitag um 10.13 Uhr an XY gesendet haben, mit mir im cc? Im dritten Satz war ein Fehler. Hier, ich habe eine Kopie ausgedruckt, um es Ihnen zu zeigen.' Ich sage Ihnen etwas: Seitdem ich das mache, achten alle Mitarbeiter viel mehr auf die Details.«

Wenn Sie ein Manager sein wollen, der auf alle Details achtet, brauchen Sie ein System zur täglichen Leistungsdokumentation. Die schriftliche Dokumentation der Ergebnisse trägt sehr viel zur Klarheit der Beziehungen zwischen den Mitarbeitern und ihrem Vorgesetzten bei. Das mündliche Gespräch über Erwartungen und Ergebnisse reicht nicht aus. Wenn Sie diese für jeden Mitarbeiter kontinuierlich schriftlich niederlegen, können Sie auf Schritt und Tritt die Leistung eines jeden Mitarbeiters verfolgen. »Sind Sie sicher, dass Sie das verstehen? Ich werde das jetzt hier aufschreiben. Bitte werfen Sie einen Blick darauf. Haben Sie das auch so verstanden?«

Die schriftliche Dokumentation ist auch sehr wirksam, wenn es darum geht, eine psychologische Selbstverpflichtung zur Erfüllung der Erwartungen zu erzeugen, auf die man sich geeinigt hat. Wenn Sie etwas sagen und es dann in eine Art fortlaufendes Arbeitstagebuch eintragen, dann erstellen Sie ein schriftliches »Gedächtnis« über das Gesagte in Form eines greifbaren Beweisstücks. Selbst wenn ein schriftliches Dokument keine rechtliche Bedeutung hat, hat es eine erhebliche Wirkung. Beide Parteien erstellen gemeinsam eine schriftliche Leistungsbilanz, auf die sie später Bezug nehmen und mit der sie ihrem Gedächtnis jeweils auf die Sprünge helfen können. Diese gemeinsame Tätigkeit und das Wissen, dass jede Erwartung schriftlich dokumentiert ist, erzeugt genügend Druck, um die getroffenen Leistungszusagen einzuhalten.

Manchmal unterscheidet sich Ihre Erinnerung an das, was gesagt wurde, worüber gesprochen wurde, und wann das geschah, von der Erinnerung Ihrer Mitarbeiter. Wenn Sie die Gesprächsinhalte schriftlich dokumentiert haben, dann haben Sie den Inhalt der Vereinbarung schwarz auf weiß. Darüber hinaus werden Ihnen Ihre Aufzeichnungen dabei helfen, individuelle Belohnungen oder Sanktionen zu rechtfertigen, weil Sie immer auf Ihre Ergebnisdokumentation verweisen können. Noch wichtiger ist das, falls es zu arbeitsrechtlichen Konflikten kommen sollte. Ob es sich um eine Klage wegen Diskriminierung oder irgendeinen anderen Vorwurf handelt, die Personal- und die Rechtsabteilung wird wissen wollen, was »in der Akte« steht. Sie sollten in der Lage sein, ihnen zu sagen, dass Sie über detaillierte aktuelle Aufzeichnungen aller regelmäßigen Gespräche mit jedem Mitarbeiter verfügen. Diese Dokumentation dient Ihnen als greifbarer Beweis für Ihre Version der Fakten.

Die Leistungsdokumentation ist zudem der Schlüssel für eine kontinuierliche Leistungsverbesserung. Die konstante Bewertung und ein ständiges Feedback helfen Ihnen dabei, Ihre Marschbefehle zu überprüfen und gegebenenfalls zu korrigieren: »Sie haben die Aufgaben A, B und C hervorragend gemacht und jeden Punkt der Aufgabenliste abgearbeitet. Sie haben alle Anweisungen und Regeln befolgt, sehr gute Arbeit. Lassen Sie uns nun über D sprechen. Bei D haben Sie die Punkte 3, 4 und 5 der Aufgabenliste nicht erledigt. Warum? Was ist passiert? Lassen Sie uns darüber sprechen, wie Sie diese Punkte erledigen. Und nun wollen wir über E sprechen. Hier haben Sie die folgenden Details vergessen. Lassen Sie uns einen Blick auf die Checkliste werfen und besprechen, wie Sie diese Details nachholen werden.« Letztlich ist auch dieser Prozess der Überprüfung und Korrektur der Mitarbeiterleistung der Schlüssel zu Wachstum und Entwicklung.

In der realen Welt erfolgen Wachstum und Entwicklung, wenn die konkreten Handlungen eines Mitarbeiters kontinuierlich einer strengen und ehrlichen Bewertung unterzogen werden, und der Mitarbeiter diese Informationen zum Üben und zur Feinabstimmung nutzen kann. Damit das möglich ist, müssen Sie seine Leistung schriftlich dokumentieren.

Einmal schulte ich eine Gruppe von Verkaufsmanagern, die die Vorstellung, sie sollten die Leistung ihrer Mitarbeiter regelmäßig schriftlich dokumentieren, heftig ablehnten. Also bat ich sie, das System zu beschreiben, mit dem ihre Verkäufer ihre Kontakte mit potenziellen Kunden verfolgten. Es stellte sich heraus, dass alle Manager von ihren Verkäufern verlangten, detaillierte Aufzeichnungen, einschließlich präziser Notizen, Daten und Zeiten über die geführten Gespräche, sowie alle sonstigen Interaktionen mit ihren bestehenden und potenziellen Kunden anzufertigen. Warum bestanden sie auf einer derart ausführlichen Dokumentation? »Weil die Gespräche wirklich wichtig sind«, antworteten die Manager. »Wenn Sie die Kundengespräche nicht dokumentieren, dann werden Ihre Nachfassaktionen fürchterlich ausfallen. Sie werden gar nicht in der Lage sein, irgendetwas zu verkaufen. Wenn Sie sich auf Inhalte vorangegangener Gespräche beziehen können, hilft Ihnen das, die Kontrolle über das Gespräch zu behalten.«

In anderen Worten: Sie waren darauf angewiesen, dass ihre Verkäufer über alle Details im Bild waren. Dasselbe gilt für die Kernaufgaben jeder kompetenten Fachkraft. Stellen Sie sich einen Arzt oder eine Krankenschwester vor, die einem Krankenhauspatienten irgendwelche Medikamente verabreichen, ohne diese in der Patientenakte zu vermerken, einen Banker, der einen Scheck einlöst, ohne das richtige Konto im Banksystem zu belasten oder den Schadenssachbearbeiter einer Versicherung, der eine Versicherungssumme auszahlt, dies aber nicht dokumentiert. Alle Vorschläge erscheinen völlig absurd. Dennoch sprechen Manager tagtäglich mit ihren Mitarbeitern, ohne die Gesprächsinhalte jemals schriftlich festzuhalten.

So wie Verkäufer ständig in ihren Aufzeichnungen nachsehen müssen, um den Erfolg ihrer Verkaufsgespräche sicherzustellen, so wie jeder Experte in der Lage sein muss, auf laufend aktualisierte Unterlagen zurückgreifen zu können, um seinen kontinuierlichen Erfolg sicherzustellen, so müssen Sie in der Lage sein, Ihre laufenden Unterlagen über die Leistung und die Arbeitsergebnisse jedes einzelnen Mitarbeiters zu konsultieren. Welche Erwartungen, Ziele, Fristen und Anforderungen wurden genau festgelegt? Was wurde besprochen? Um das zu belegen, müssen Sie auf eine schriftliche Dokumentation verweisen können.

Leistungsverfolgung durch die Überwachung konkreter Handlungen

Leider überwacht der typische Manager meistens nur die Elemente, die sofort ins Auge springen. Manager konzentrieren sich unverhältnismäßig stark auf Dinge wie geleistete Arbeitsstunden, weil sie auf einen Blick sehen können, wann ein Mitarbeiter kommt und geht. Die Anwesenheitszeiten und die Persönlichkeit des Mitarbeiters haben ein derartig überproportionales Gewicht, weil sie dem Manager buchstäblich ins Gesicht springen. Und dann sind da noch die elektronischen Tages- und Wochenberichte, die direkt auf seinen Bildschirm oder an sein E-Mail-Postfach gesendet werden. Aber all diese Daten und das genaue Wissen über das Kommen und Gehen eines Mitarbeiters sagen Ihnen nicht, was dieser Mitarbeiter während seiner Anwesenheit im Büro oder an seinem Arbeitsplatz eigentlich macht. Die Verfolgung konkreter Handlungen erfordert wesentlich mehr Anstrengung.

»Wenn Sie beginnen, Ihre Mitarbeiter sorgfältiger zu beobachten und ihnen eine Menge Fragen über ihre Arbeit stellen, dann stellen Sie fest, was Sie alles nicht über deren Arbeit und ihre Vorgehensweise wissen. Sie erfahren Dinge, die Sie eigentlich von Anfang an hätten wissen sollen«, sagte ein Manager, den ich hier Jed nennen will.

Jed managte eine enthusiastische neue Mitarbeiterin, Kary, die bei einer Forschungsgesellschaft in der Abteilung für Newsletter tätig war. Zunächst arbeitete Jed Kary in das Versandverfahren für die Newsletter ein. Sie hatte den Bogen schnell heraus, da dieser Prozess dem Verfahren ähnelte, das sie bei der Zeitung verwendet hatte, bei der sie zuvor tätig gewesen war. Das Problem begann jedoch, als Kary einen Prozess erlernen musste, der für sie ganz neu war. Beim Versand eines Newsletters kommt ein bestimmter Prozentsatz üblicherweise als nicht zustellbar zurück, weil es irgendein Problem mit der Übertragung gibt. Jed erklärte Kary, es sei ganz wichtig, dass sie jede der mehreren hundert unzustellbaren E-Mails durchsehe, die bei jedem Versand zurückkamen, und das jeweilige Problem schnellstmöglich löse. »Das muss man unbedingt nach jedem Newsletter-Versand machen, weil die Datenbank sonst sehr schnell nicht mehr aktuell ist und der Prozentsatz an nicht zustellbaren E-Mails ständig steigt, sodass kein effektiver Versand mehr möglich ist«, erklärte mir Jed.

»Ich ging mit Kary den Prozess durch, und sie schien alles zu verstehen. Ich befragte sie sogar bei jeder wöchentlichen Mitarbeiterbesprechung dazu. Aber ich habe einen fatalen Fehler gemacht: Ich habe ihre Arbeit nie überprüft. Ich habe mir nie genau die Datenbank angesehen, um festzustellen, ob sie jedes Mal, wenn der Newsletter versendet wurde, die Einträge veränderte. Alle anderen Aspekte ihrer Aufgabe erledigte Kary ganz hervorragend. Sie hatte eine großartige Persönlichkeit und eine überaus positive Haltung. Weder hatte sie Probleme mit dem Newsletter-Versand noch mit der Aufnahme oder Löschung neuer Abonnenten. Aber den Prozess der unzustellbaren E-Mails hatte sie nie richtig verstanden.«

Das ging vier Monate lang so, bis Jed sich irgendwann Sorgen machte, weil Kary viel zu viel arbeitete. »Sie arbeitete zwölf Stunden am Tag und machte einen erschöpften Eindruck. Ihre Energie und ihre Stimmung hatten beträchtlich nachgelassen. Sie sah schlecht aus und in den Mitarbeiterbesprechungen blieb sie stumm ... anscheinend wussten mehrere ihrer Kollegen genau, was los war, und hatten sie gedrängt, mit mir darüber zu sprechen. Hätte ich mich ein wenig umgehört, hätte ich schon viel früher gewusst, was nicht stimmte. Als ich mich schließlich dazu entschloss, sie anzusprechen, stellte sich heraus, dass sie mit der Bearbeitung der unzustellbaren E-Mails dramatisch hinterherhinkte. Sie ertrank in den sich häufenden unzustellbaren Mails und hatte den Prozess noch immer nicht im Griff ... Schließlich erstellte ich für Kary eine detaillierte Checkliste über alle Schritte, die sie zur Korrektur jedes Eintrags vornehmen musste. Dann entlastete ich sie um einige Aufgaben und gab ihr einige Wochen Zeit, damit sie sich ausschließlich auf die Bearbeitung der unzustellbaren Mails konzentrieren konnte. Sie notierte sich, wie viele sie pro Tag erledigte und arbeitete sich durch den ganzen Berg an aufgestauten E-Mails. Am Ende war sie ein echter Profi im Umgang mit unzustellbaren Mails ... Seitdem erstattet sie mir nach jedem Newsletter Bericht über die genaue Zahl an unzustellbaren Mails und ihre Korrekturmaßnahmen.«

Jed schloss die Geschichte mit der Feststellung: »Bei Kary habe ich meine Lektion wirklich gelernt. Man darf einfach nichts als selbstverständlich annehmen. Ich hätte ihre Arbeit genauer überprüfen sollen. Zumindest hätte ich mich früher umhören können.«

Nachfolgend schildere ich Ihnen fünf Wege, um die konkreten Handlungen Ihrer Mitarbeiter zu verfolgen.

Beobachten Sie Ihre Mitarbeiter bei der Arbeit. Eine der effektivsten Methoden zur Überwachung der Mitarbeiterleistung ist es, diese mit eigenen Augen zu beobachten. Wenn Sie einige Minuten lang zuschauen, wie Ihr Mitarbeiter mit einem Kunden umgeht, wird Ihnen das mehr Aufschluss über die Qualität des Kundenservices geben, den Ihr Mitarbeiter leistet, als jede Umfrage zur Kundenzufriedenheit. Aus dem Grund fordern so viele Unternehmen ihre Manager auf, ihre Vertreter zu Kundengesprächen zu begleiten. Denn dabei können die Manager ihre Mitarbeiter direkt bei der Arbeit erleben. Wenn Sie Schwierigkeiten damit haben, einem Mitarbeiter bei der erfolgreichen Bewältigung einer bestimmten Aufgabe zu helfen, dann folgen Sie ihm wie ein »Schatten«, während er diese Aufgaben erledigt. Dann werden Sie genau sehen, was er macht und wie er es besser machen kann.

Bitten Sie um einen Bericht. Bitten Sie jeden Mitarbeiter in jedem Einzelgespräch, das Sie mit ihm führen, um einen Bericht über das, was er seit Ihrem letzten Gespräch getan hat: »Welche konkreten Handlungen haben Sie unternommen? Haben Sie die deutlich formulierten Erwartungen erfüllt?« Hören Sie dann aufmerksam zu, beurteilen Sie, was Sie hören, und stellen Sie weitere Testfragen. Die Bitte um einen Bericht ist die wichtigste und beste Methode, um einen Mitarbeiter für seine Handlungen verantwortlich zu machen. Anschließend besprechen Sie die nächsten Schritte. Sofern Sie Ihre Einzelgespräche mit jedem Mitarbeiter regelmäßig und kontinuierlich führen, werden diese zur Routine der Leistungsüberwachung.

Helfen Sie Ihren Mitarbeitern, Instrumente zur Selbstüberwachung zu nutzen. Sie können Ihre Mitarbeiter bei der Verfolgung ihrer Arbeitsweise auch um Mithilfe bitten, indem Sie ihnen Instrumente zur Selbstüberwachung geben, zum Beispiel Projektpläne, Checklisten und Arbeitstagebücher. So können Mitarbeiter selbst überprüfen, ob sie die in den Projektplänen aufgeführten Ziele und Fristen erreichen, auf den Checklisten Eintragungen vornehmen und ihrem Vorgesetzten regelmäßig Bericht erstatten. In die Arbeitstagebücher können Mitarbeiter eintragen, was genau sie den ganzen Tag machen, einschließlich Pausen und Unterbrechungen. Jedes Mal, wenn sich ein Mitarbeiter einer neuen Aktivität zuwendet, muss er die Zeit und die Art der Aktivität notieren.

Überprüfen Sie regelmäßig den Fortschritt der Aktivitäten. Begutachten Sie den Verlauf der Arbeitsausführung sorgfältig. Wenn ein Mitarbeiter nicht für die Erzeugung eines greifbaren Endprodukts verantwortlich ist, dann ist die Beobachtung seiner Arbeit dasselbe wie die Überprüfung von Ware in Arbeit. Wenn dieser Mitarbeiter für die Herstellung eines Endprodukts verantwortlich ist, nehmen Sie stichprobenartige Überprüfungen vor, während er daran arbeitet. Wenn ein Mitarbeiter für die Datenbankpflege verantwortlich ist, dann überprüfen Sie stichprobenartig die Einträge. Wenn der Mitarbeiter Berichte verfasst, dann sehen Sie sich die Entwürfe an. Wenn der Mitarbeiter irgendwelche Geräte herstellt, dann prüfen Sie einige halb fertige Geräte auf ihr Erscheinungsbild. Sie können nicht jeden einzelnen Schritt

Ihrer Mitarbeiter überprüfen, aber Sie können regelmäßig Stichproben machen.

Hören Sie sich um. Holen Sie Informationen ein. Befragen Sie Kunden, Lieferanten, Kollegen und andere Manager über ihre Interaktionen mit bestimmten Mitarbeitern. Stellen Sie immer Fragen zur Arbeit des betreffenden Mitarbeiters, nie zu seiner Person. Bitten Sie nicht um eine Bewertung, sondern um eine Beschreibung. Fragen Sie nicht nach persönlichen Eindrücken, sondern nach Details. Und glauben Sie nicht alles, was Sie hören: Unbestätigte Aussagen Dritter sind reines Hörensagen. Aber je mehr Sie Ihr Ohr an der Basis haben, desto besser wissen Sie, welchen Quellen Sie vertrauen können. Hören Sie sich also regelmäßig um.

Was wird gemessen und was *sollte* gemessen werden?

Warum finden so viele Manager und Mitarbeiter den Prozess der Leistungsbeurteilung oft unzulänglich, unvollständig, unfair oder einfach nur völlig willkürlich? Weil diese Beurteilungen üblicherweise keine genaue Messung der tatsächlichen Mitarbeiterleistung im Verlauf der vorangegangenen sechs bis zwölf Monate sind. Selten führen Manager über das ganze Jahr hinweg eine kontinuierliche, explizite Bewertung der konkreten Handlungen ihrer Mitarbeiter durch und gleichen sie mit eindeutig formulierten Erwartungen ab. Wenn sie von der Personalabteilung aufgefordert werden, eine Beurteilung zu schreiben oder eine leistungsbezogene Rangfolge ihrer Mitarbeiter zu erstellen, dann basteln sie eilig irgendwelche »Maßstäbe« zusammen, weil es von ihnen verlangt wird. Wie oft hören wir von Managern, die ihre Mitarbeiter bitten, eine »erste Version« der Beurteilung zu erstellen, damit sie diese als Vorlage verwenden und ihrer Pflicht schnell Genüge tun können, weil die Frist für die Abgabe der Beurteilung näher rückt. Üblicherweise erstellen Manager Beurteilungen und Rangfolgen auf Basis der mageren Aufzeichnungen, die sie sich im Verlauf des Jahres gemacht haben.

Um die Leistung eines Mitarbeiters korrekt beurteilen zu können, müssen Manager die konkreten täglichen Handlungen jedes einzelnen Mitarbeiters betrachten und diese mit den zuvor formulierten Erwartungen abgleichen. Manager müssen sich ständig die folgenden drei Fragen stellen:

Hat der Mitarbeiter jedes der gesetzten Ziele erreicht? Hat er alle erforderlichen Aufgaben erfüllt?

Hat er seine Aufgaben gemäß den ihm genannten Richtlinien und Anforderungen erfüllt? Hat er sich dabei an die Standardverfahren gehalten?

Hat er die genannten Fristen eingehalten?

Wenn Sie die konkreten Handlungen Ihrer Mitarbeiter regelmäßig überwacht, gemessen und dokumentiert haben, sollten sich diese Fragen einfach durch eine Zusammenfassung Ihrer regelmäßigen Aufzeichnungen beantworten lassen. Das sind die wichtigsten Angaben, die Sie über die Leistung eines Mitarbeiters haben können. Natürlich steht Ihnen darüber hinaus auch eine gewaltige Datenmenge in Form von Tages-, Wochen-, Quartals- oder Jahresberichten zur Verfügung, die alle möglichen Informationen über seine Leistung enthalten – von der Anwesenheit über geleistete Arbeitsstunden bis zu Kundenbeschwerden, Verkaufsdaten und so weiter. Ja, diese Informationen können Sie auch nutzen – zusammen mit Ihren eigenen schriftlichen Aufzeichnungen. Wenn Sie diese Berichte verwenden, dann studieren Sie deren Zahlen jedoch ganz genau, um herauszufinden, welchen konkreten Bezug sie zu den realen, konkreten Handlungen innerhalb des Entscheidungsspielraums jedes einzelnen Mitarbeiters haben. Was sagen die Zahlen tatsächlich über die Leistung eines jeden Mitarbeiters aus?

Zum Beispiel erscheinen die Verkaufzahlen auf den ersten Blick als ein einfacher und unkomplizierter Weg zur Messung der Verkaufsleistung. Manchmal ist das jedoch nicht der Fall. Ich will Ihnen zeigen, wann. Verkäuferin A verkauft ein Produkt, das keine Marktreputation hat, und außerdem arbeitet sie auf Basis einer Liste von ungeeigneten Kunden, die keine potenziellen Käufer des Produkts sind. Verkäuferin B dagegen verkauft ein Produkt mit einer herausragenden Marktreputation und arbeitet mit einer Liste von geeigneten Kunden, die potenzielle Käufer sind. Es ist ziemlich wahrscheinlich, dass die Verkaufszahlen von Verkäuferin B erheblich besser sind als die von Verkäuferin A – allerdings aus Gründen, die nicht dem Einfluss der beiden Verkäuferinnen unterliegen. In diesem Fall bieten die Verkaufszahlen allein keine ausreichende Information, um die Leistung beider Verkäuferinnen angemessen zu bewerten.

Vielmehr verlangt die Messung der tatsächlichen Leistung der beiden Verkäuferinnen eine wesentlich gründlichere Betrachtung. Wie lässt sich ihre jeweilige Leistung messen? Zuerst könnten Sie die Zahl der versuchten Verkaufsgespräche je Verkäuferin und Tag betrachten. Zumindest sind Terminvereinbarung und Gesprächsführung Tätigkeiten, die beide Verkäuferinnen steuern können. Aber selbst das wird Ihnen nicht viel über die Qualität der Arbeit der jeweiligen Verkäuferin mitteilen. Um deren Arbeit akkurat messen zu können, sollten Sie bewerten, wie jede der beiden Verkäuferinnen Verkaufsgespräche führt. Hört sie aufmerksam zu, ohne zu unterbrechen? Hält sie sich an das Skript? Beantwortet sie die Fragen zufriedenstellend? Führt sie das Gespräch zum Abschluss? Bei der Leistungsmessung sind diese Art Fragen oft die wichtigsten. Manchmal ist die eigene Urteilskraft als Manager die einzige faire und akkurate Methode zur Bewertung der Leistung eines Mitarbeiters.

Dokumentieren Sie die Leistung

Die meisten Manager dokumentieren die Leistung ihrer Mitarbeiter nur selten, es sei denn, es wird explizit von ihnen verlangt. Im normalen Geschäftsablauf produzieren Manager dennoch oft unabsichtlich eine Reihe an schriftlichen Unterlagen, Notizen, Aufzeichnungen, Endproduktprüfungen und vor allem E-Mail-Korrespondenz. Tatsächlich ist der E-Mail-Verkehr manchmal sogar die einzige Methode, mit der Manager die Details der täglichen Leistung ihrer Mitarbeiter dokumentieren. Ob es ihnen bewusst ist oder nicht: Wenn sie E-Mails schreiben, erstellen Manager detaillierte schriftliche und aktuelle Dokumente, in denen sie Erwartungen formulieren, die Arbeitsfortschritte bewerten, ihre Mitarbeiter loben oder kritisieren. Der Großteil der formalen »Mitarbeiterakte« setzt sich jedoch aus Quartals- oder Jahresberichten, Entwicklungsplänen, Rangfolgen, Zahlen und vielleicht gelegentlichen Nominierungen für Boni und Prämien und natürlich jedwede schriftliche Dokumentation über Fehlverhalten oder dauerhafte Minderleistung zusammen.

Oft dokumentieren Manager die Leistung eines Mitarbeiters gründlich, wenn dessen Leistung erheblich zu wünschen übrig lässt. Ein hochrangiger Personalleiter erklärt dazu: »Üblicherweise ruft uns ein Manager an, wenn er eine Disziplinarmaßnahme gegenüber einem Mitarbeiter ergreifen will. Dann wird der Personalchef fragen: ‚Wie lange geht das schon so?' Oft besteht das Problem schon seit geraumer Zeit. ‚Haben Sie das Problem dokumentiert?' ist die nächste Frage, auf die meistens die Antwort folgt: ‚Nein, nicht so richtig.' Das Problem besteht vielleicht schon seit drei Jahren, aber der oder die Vorgesetzte hat nie schriftliche Notizen dazu gemacht. In diesem Fall kann die Personalabteilung dem Manager kaum helfen. Stattdessen werden wir ihn mit einem formalen Dokumentationsprozess vertraut machen, mit dem er unsere Anforderungen an Disziplinarmaßnahmen erfüllen kann. Zu diesem Prozess gehört ein Tagebuch mit Uhrzeit und Datum, in dem mündliche Aufforderungen und Ermahnungen und auch formale schriftliche Abmahnungen eingetragen werden. Nach der zweiten schriftlichen Abmahnung kann der Manager den Mitarbeiter für einen sogenannten »PIP« – wie wir es nennen – eintragen.

PIP steht für »Performance Improvement Plan« – Plan zur Leistungsverbesserung. PIPs sind im Bereich Human Resources sehr verbreitet. Unter einem PIP versteht man einen disziplinarischen Prozess, der aus einer Reihe an mündlichen und schriftlichen Abmahnungen besteht. Und das funktioniert folgendermaßen: Der Manager und der betreffende Mitarbeiter legen gemeinsam klare Erwartungen fest und erstellen eine Plan über die Dinge, die der Mitarbeiter tun muss, um seine Leistung zu verbessern. Die Ziele werden in konkrete Einzelschritte und Aufgabenlisten mit engen Fristen aufgeteilt, und es werden eindeutige Richtlinien und Parameter definiert. Jede Woche, manchmal sogar jeden Tag, muss der Manager die Leistung des Mitarbeiters ganz genau mit dem Plan abgleichen und regelmäßig schriftlich festhalten, ob sie den Erwartungen entspricht.

Kurz gesagt, zwingt der standardisierte Prozess zur Disziplinierung von Mitarbeitern mit ernsthaften Leistungsproblemen die Manager dazu, das zu tun, was sie von Anfang an kontinuierlich hätten tun sollen! Es ist daher keine Überraschung, dass der PIP-Prozess in mehr als 50 Prozent der Fälle zu Leistungsverbesserungen führt. Tatsächlich deckt der PIP-Prozess die Grundlagen des Mitarbeitermanagements ab. Verblüffend! Wenn sich das bei Mitarbeitern mit dauerhaften ernsten Leistungsproblemen bewährt, dann können Sie sich vorstellen, welche Ergebnisse sich mit diesem Prozess erzielen lassen, wenn Sie ihn auf Mitarbeiter mit einwandfreier Leistung anwenden.

Wenden Sie auf jeden Mitarbeiter einen PIP-Prozess an. Nennen Sie ihn anders, wenn Sie wollen. Der Prozess soll nicht als Warnung oder Bestrafung dienen oder dem Mitarbeiter die Tür weisen. Vielmehr sollte er zu einem Standardverfahren für jeden Mitarbeiter werden. Dieser Standardplan zur Leistungsverbesserung ist das perfekte Format für eine Dokumentation. Der Manager schreibt an jedem Wochenanfang die Erwartungen an jeden Mitarbeiter auf und beobachtet und dokumentiert genau die konkreten Handlungen, die jeder Mitarbeiter zur Erfüllung dieser Erwartungen ergreift. Das ist genau das, was jeder Manager bei jedem Mitarbeiter tun sollte, egal ob es sich um einen guten, schlechten oder durchschnittlichen Mitarbeiter handelt. Dokumentieren Sie kontinuierlich, wie jeder Mitarbeiter durch seine täglichen Handlungen die an ihn gestellten Erwartungen erfüllt.

Entwickeln Sie einen einfachen Prozess, an dem Sie festhalten können

Was Sie brauchen, ist ein Prozess, der einfach und leicht zu handhaben ist, und keine mühseligen bürokratischen Verfahren, die Ihnen nur die Zeit stehlen. Sie brauchen einen praktikablen Prozess, damit Sie ihn auch wirklich einhalten.

Einige Manager führen ein Notizbuch oder ein Tagebuch, in dem sie sich jeden Tag Notizen machen. Jedes Mal, wenn Sie dort etwas eintragen, schreiben Sie den Namen des Mitarbeiters, zu dem Sie sich Notizen machen, und das Datum dazu. Im Verlauf der Zeit werden Sie es vielleicht hilfreich finden, zur Vereinfachung eine Mustervorlage pro Mitarbeiter zu erstellen, die auf die individuellen Aufgaben und Verantwortlichkeiten abgestimmt ist.

Andere Manager verwenden eine einfache Software für Beziehungsmanagement, um ein elektronisches Notizbuch zu führen. Alles was Sie dazu brauchen, ist eine Datenbank und ein Programm, das alle digitalen Einträge, die Sie für jeden Mitarbeiter erstellen, der an Sie berichtet, mit Datum und Uhrzeit versieht und chronologisch sortiert. Einige Manager machen sich sogar die Mühe, wichtige E-Mail-Korrespondenz mit ihren Mitarbeitern in die Rubrik für sonstige Anmerkungen zu kopieren. Bei den meisten Softwareanwendungen lässt sich diese Rubrik individuell verändern und anpassen, sodass Sie Ihre Mustervorlagen für jeden Mitarbeiter einfügen können.

Ob Sie ein herkömmliches Notizbuch oder eine Software verwenden – wichtig ist, dass Sie alle Schlüsselinformationen eintragen.

Erwartungen. Formulierte Ziele und Anforderungen. Erteilte Anweisungen oder ausgehändigte Aufgabenlisten. Standardverfahren, Prozeduren, Regeln oder Richtlinien, die besprochen wurden. Festgelegte Fristen.

Konkrete Handlungen. Schreiben Sie nur wahrnehmbare Fakten auf. Welche Handlungen des Mitarbeiters haben Sie beobachtet? Was sagt der Mitarbeiter, wenn er auf seine Leistung angesprochen wird? Was enthüllen seine Instrumente zur Selbstüberwachung? Was sagt Ihnen Ihre kontinuierliche Überprüfung des Arbeitsprodukts? Was erfahren Sie über die Handlungen des Mitarbeiters, wenn Sie sich umhören?

Messungen. Inwieweit entsprechen die Handlungen den Erwartungen? Hat der Mitarbeiter die Anforderungen erfüllt? Hat er Anweisungen, Standardverfahren und Regeln befolgt? Hat er seine Ziele fristgerecht erreicht?

Achten Sie darauf, was Sie aufschreiben

Wenn Sie sich schriftliche Notizen machen, dann denken Sie daran, dass Sie eine laufende Dokumentation erstellen, die unter Umständen zu einem Schlüsseldokument bei der Lösung arbeitsrechtlicher Konflikte werden kann. Erstellen Sie niemals eine schriftliche Beschreibung der Person des Mitarbeiters, sondern immer nur seiner Leistung. Treffen Sie keine Bewertung: Schreiben Sie nicht, der Mitarbeiter sei langsam, seine Arbeitsergebnisse unvollständig oder schlecht. Schreiben Sie, der Mitarbeiter habe die formulierten Ziele in der festgelegten Frist nicht erreicht. Schreiben Sie, er habe die Punkte A, B und E der Aufgabenliste nicht erfüllt. Schreiben Sie, er habe bei Punkt C Details ausgelassen. Unter keinen Umständen dürfen Sie einen Mitarbeiter beschimpfen – als hässlich, dumm, faul etc. Und bewerten Sie sein Verhalten nicht; beschränken Sie sich darauf, es zu beschreiben. Das magische Wort hier ist »beschreiben«.

Wann sollten Sie die Leistung dokumentieren?

Auf Schritt und Tritt.

Gehen Sie nochmals Ihre Notizen des letzten Gesprächs durch, bevor Sie sich mit einem Mitarbeiter zu einem Einzelgespräch zusammensetzen. Über welche Ergebnisse wurde gesprochen? Welche Erwartungen wurden formuliert? Und dann stellen Sie sich die

Frage, warum Sie mit diesem Mitarbeiter heute sprechen müssen. Was muss ich heute mit ihm oder ihr besprechen? Wie? Wann? Wo? Machen Sie sich als Vorbereitung für Ihr Gespräch einige Notizen. Machen Sie sich Stichworte zu den Themen, die Sie besprechen wollen: Über welche Handlungen wollen Sie Ihren Mitarbeiter befragen? Welches sind die nächsten Schritte, die Sie unternehmen wollen? Welche Erwartungen wollen Sie als Nächstes formulieren? Bitten Sie den Mitarbeiter im Verlauf des Gesprächs um einen Bericht über sein Vorgehen, und teilen Sie ihm dann Ihre Erwartungen und die nächsten Schritte mit. Machen Sie sich gegebenenfalls während des Gesprächs Notizen. Machen Sie sich sofort im Anschluss an das Gespräch Notizen. Schreiben Sie zwischen zwei Mitarbeitergesprächen alle relevanten Dinge im Zusammenhang mit der Leistung dieses Mitarbeiters auf. Wenn Ihnen etwas einfällt, das Sie bei Ihrem nächsten Gespräch ansprechen wollen, dann halten Sie das fest. Es ist nicht immer möglich, praktikabel oder notwendig, Ihrem Mitarbeiter Ihre schriftlichen Notizen zu zeigen. Aber wenn Sie es können, schafft das klare Erwartungen, untermauert die Details und Richtlinien der übertragenen Aufgaben und erhöht die Chance, dass der Mitarbeiter sich zur Erfüllung der Ziele verpflichtet fühlt. Wenn Sie Ihrem Mitarbeiter zeigen, was Sie sich notiert haben, bietet sich außerdem die Chance, eventuelle Missverständnisse gleich auszuräumen. Einige der besten Manager, die ich kenne, bitten ihre Mitarbeiter, parallel ihre eigenen Aufzeichnungen zu machen. Wenn sich der Manager Notizen macht, kann er sagen: »Ich schreibe dies auf. Was schreiben Sie sich auf? Stimmen unsere Aufzeichnungen überein?«

Wenn Sie die Leistung Ihrer Mitarbeiter so genau verfolgen, können diese kaum versagen

Ein Personalleiter erzählte mir vor kurzem: »Wenn ein Manager seinen Part in der Leistungsdokumentation erfüllt, können wir als Personalabteilung unseren Part erfüllen. Sie sollten sehen, was geschieht, wenn wir einen Anruf von einem Manager erhalten, der die

Leistung seiner Mitarbeiter tatsächlich dokumentiert. Dann läuten alle Glocken! Wir rufen: ‚Hey, wir haben einen! Wir haben einen Manager, der die Leistung seiner Mitarbeiter dokumentiert!' So selten ist das. Wenn jeder Manager jeden Mitarbeiter zu jedem Zeitpunkt in einem PIP-Programm hätte, wäre unser Job wirklich einfach«, so der Personalleiter. »Andererseits wäre aber auch der Job des Managers viel einfacher, wenn er jeden Mitarbeiter zu jedem Zeitpunkt in einem PIP-Programm hätte. Wenn Sie die Leistung Ihrer Mitarbeiter so genau verfolgen, können diese kaum versagen.« Und wenn das trotzdem vorkommt, »dann bringen Sie ihn sofort wieder auf den richtigen Kurs. Wenn Sie seine Leistung so genau verfolgen, gelingt Ihnen das.«

Kapitel 8: Lösen Sie kleine Probleme, bevor große Probleme daraus werden

Sie hassen Auseinandersetzungen mit Ihren Mitarbeitern. Auseinandersetzungen scheinen alles nur noch schlimmer zu machen. Manchmal müssen Sie am Ende sogar jemanden entlassen. Aus diesen Gründen geben Sie Ihren Mitarbeitern im Allgemeinen nur dann ein negatives Feedback, wenn es wirklich unumgänglich ist. Bei kleineren Leistungsproblemen schießen Sie nicht gleich mit Kanonen auf Spatzen, sondern weisen auf das Problem hin und machen Vorschläge, die diese Situation indirekt verbessern – so hoffen Sie. Manchmal, wenn es sich bei einem Problem eher um eine Bagatelle zu handeln scheint, drücken Sie einfach ein Auge zu. Ja, manche Mitarbeiter nutzen das aus, aber Sie scheuen sich einfach, zu viel Druck auszuüben, weil Sie keinen Aufstand machen wollen.

Diese verhassten Konfrontationen

Der typische passive Manager ignoriert Leistungsprobleme, bis sie sich nicht länger ignorieren lassen. Probleme gibt es aber nun mal immer. Und wenn sich ein Problem nicht länger ignorieren lässt, ist die verhasste Konfrontation unvermeidlich.

Nur tägliche oder wöchentliche, klar strukturierte und konkrete Mitarbeitergespräche bieten dem Manager ein selbstverständliches Umfeld, um seinem Mitarbeiter eine regelmäßige Leistungsbewertung und Feedback – sei es gut, schlecht oder durchschnittlich – zu geben. Statt stetiger und regelmäßiger »Problemlösung«, die eine gute Sache ist, wird die Problembewältigung zu einem heiklen Gespräch, das jeder tunlichst vermeidet. Wenn kleine Probleme überhaupt angesprochen werden, dann leichthin und en passant, was bedeutet, dass sie sich wahrscheinlich wiederholen. Wenn sie sich wiederholen, werden sie vielleicht gar nicht bemerkt, es wird wieder ein Auge zugedrückt oder sie werden erneut leichthin und nebenbei angesprochen, woraufhin sie sich wahrscheinlich erneut wiederholen. Manchmal führen kleine Probleme, die sich ständig wiederholen, dazu, dass ein Manager irgendwann aus Frustration oder aufgestautem Ärger explodiert. Oder die Probleme wiederholen sich ständig und werden irgendwann zu einem festen Bestandteil der Struktur des Arbeitsplatzes. Manche kleinen Probleme schwelen allerdings vor sich hin und werden immer größer. Mit der Zeit wachsen sie sich zu großen Problemen aus.

Wenn dann die Gespräche zur »Leistungsverbesserung« tatsächlich stattfinden, ist es meistens für den Manager zu spät, noch etwas zu bewirken. Zum einen ist es viel schwieriger, ein Problem zu lösen, nachdem es sich zu einer handfesten Krise ausgewachsen hat, als zu verhindern, dass das Problem überhaupt entsteht beziehungsweise es zu lösen, so lange es noch klein ist. Denn dann muss viel Zeit und Energie investiert werden, um das Chaos zu beseitigen und den Status quo wiederherzustellen. Außerdem befinden sich Menschen, die mitten in einem Problem stecken, meistens nicht auf der Höhe ihrer Leistungsfähigkeit. Die Situation ist dringlich und alle Beteiligten sind gestresst, frustriert und stehen unter Zeitdruck. Und dennoch gibt es zahlreiche Manager, die Probleme ignorieren, bis sie wirklich unangenehm werden. Gelegentlich führt das natürlich zu erhitzten Diskussionen.

Obendrein fühlen sich Mitarbeiter oft angegriffen, wenn sie mit einer negativen Beurteilung über ihr Verhalten konfrontiert werden. Diese Gespräche wirken oft wie ein Schock, da sie ohne Vorwarnung stattfinden, vor allem, wenn die fragliche Leistung ein Problem ist, das schon seit einiger Zeit vor sich hingärt. Der Mitarbeiter sagt wahrscheinlich (oder denkt es zumindest): »Ich mache das schon seit Tagen, Wochen oder Monaten so, warum werde ich jetzt plötzlich dafür kritisiert? Warum haben Sie mich nicht schon früher angesprochen, bevor sich meine Fehler gehäuft haben?« Oft beginnt der Manager, sich selbst noch einmal zu fragen: »Habe ich alle Fakten? Habe ich die Erwartungen eindeutig formuliert? Bin ich gerecht?« Und die Antworten lauten wahrscheinlich: nein, nein, nein. Darüber hinaus verfügt weder der Manager noch sein Mitarbeiter über Erfahrung mit dieser Art Gespräch zur Leistungsbewertung; folglich ist keiner von beiden besonders versiert. Natürlich sind diese Gespräche eher schwierig. Die meisten Gespräche über mangelhafte Mitarbeiterleistungen sind von vornherein zum Scheitern verurteilt.

Im Anschluss an solche Gespräche werden oft Stunden darauf verwendet, den Schaden zu reparieren und die Trümmer zu beseitigen, um die Dinge wieder ans Laufen zu bringen. Das ist, was Manager oft meinen, wenn sie sagen, sie würden ihre gesamte Managementzeit mit »Feuerlöschen und Problemlösung« verbringen und deswegen nicht zur ihrer eigentlichen Arbeit kommen. Nach der Lösung von Leistungsproblemen, die sich nie so hätten zuspitzen müssen, ist der typische Manager definitiv überzeugt, er habe keine Zeit für weiteres Management. Unverzüglich kehrt er zu seinem passiven Managementstil zurück, und so ist es nur eine Frage der Zeit, bis die nächste Krise auf ihn wartet, die er erneut in einem Gewaltakt lösen muss.

In der Zwischenzeit wird sich der betreffende Mitarbeiter wahrscheinlich demoralisiert fühlen. Es entstehen schlechte Gefühle. Manchmal kann es hart sein, wieder zur Normalität zurückzukehren und gegenüber der eigenen Arbeit und dem Vorgesetzten ein gutes Gefühl zu wahren. Oft funktioniert das, aber gelegentlich – vor allem nach sehr schwierigen Auseinandersetzungen zwischen einem Manager und einem seiner Mitarbeiter – verschlechtert sich die Situation. Das kann den Mitarbeiter sogar in eine Abwärtsspirale versetzen.

Wollen Sie die Lösung von Leistungsproblemen meisterhaft beherrschen lernen? Wollen Sie, dass es Ihnen leicht fällt, Mitarbeitern zu sagen, wann und wie sie sich verbessern müssen? Wenn ja, dann müssen Sie ein Problem nach dem anderen vorhersehen und verhindern und kleine Probleme unverzüglich beseitigen. Wenn Sie sich einer regelmäßigen Problemlösung widmen, lassen sich neun von zehn Leistungsproblemen schnell und unaufwendig lösen oder ganz vermeiden. In den meisten Fällen lassen sich durch regelmäßiges, konsequentes Management sogar langjährige Probleme beseitigen.

Lösen Sie immer ein kleines Leistungsproblem nach dem anderen

Kein Problem ist so klein, dass man es übersehen darf; oft schwelen kleine Probleme vor sich hin und wachsen sich zu großen Problemen aus. Manchmal befürchten Manager, kleinlich zu wirken. »Schließlich«, so ihre Argumentation, »macht jeder mal Fehler. Wenn ein kleines Problem auftaucht, das sich wahrscheinlich nicht wiederholen wird, richtet es dann nicht mehr Schaden als Nutzen an, wenn man es thematisiert?« Das geschieht nur, wenn Sie ausschließlich auf kleine Probleme fixiert sind und andere wichtige Details darüber vernachlässigen (einschließlich kleiner Erfolge).

Wenn Sie regelmäßig mit Ihren Mitarbeitern über die Details ihrer Arbeit sprechen, dann sollte die Thematisierung kleiner Probleme, worin auch immer sie bestehen mögen, etwas ganz Selbstverständliches sein. Die Lösung kleiner Probleme sollte Teil Ihres kontinuierlichen Dialogs mit dem betreffenden Mitarbeiter sein. In diesem Kontext ist »Kleinlichkeit« eine gute Sache. Sie sendet die Botschaft aus, dass Hochleistung die einzige Option ist, dass die Details wichtig sind und dass Sie genau darauf achten. Außerdem tun Sie Ihrem Mitarbeiter einen Gefallen, wenn Sie ihn auf kleine Probleme aufmerksam machen, sodass er sie in der Zukunft selbst lösen oder ganz vermeiden kann. Außerdem tun Sie ihm den zusätzlichen Gefallen, dass Sie ihm dabei helfen, im Lauf der Zeit detailorientierter zu werden.

Das hat nichts mit Perfektionismus zu tun. Perfektionismus ist die lähmende Angst vor der Erfüllung einer Aufgabe, und diese Angst versteckt sich hinter der Verfolgung eines illusorischen Qualitätsstandards. Die Vermeidung selbst kleiner Probleme hat mit kontinuierlicher Verbesserung zu tun. Im Rahmen der regelmäßigen Anleitung und Führung ist die Lösung kleiner Probleme der Weg zu einer kontinuierlichen Leistungsverbesserung. Ständiges Feedback und eine kontinuierliche Bewertung helfen Ihnen dabei, Ihre Anweisungen zu überprüfen und zu korrigieren. Ihre Mitarbeiter wiederum haben dadurch die Gelegenheit, ihre Leistung zu überprüfen und zu korrigieren. Durch diesen langsamen, stetigen Fortschritt helfen Sie Ihren Mitarbeitern dabei, ihre eigene Leistung ständig zu überprüfen und zu korrigieren, sodass sie die erwünschten Handlungsweisen ständig üben und verfeinern können.»Überprüfen und anpassen, üben und verfeinern«, ist das Mantra des kontinuierlichen Verbesserungsprozesses.

Wenn Sie ein Leistungsproblem feststellen, sollten Sie damit beginnen, sich bei Ihren Mitarbeitergesprächen intensiv auf die Formulierung konkreter Lösungen zu konzentrieren.

Wenn ein Mitarbeiter oft zu spät kommt, dann sagen Sie ihm nicht, er solle aufhören zu spät zu kommen. Sagen Sie ihm, er solle pünktlich erscheinen. Sprechen Sie mit ihm, bevor er eine Chance hat, wieder zu spät zu kommen. Erinnern Sie ihn abends vor Schichtende an die genaue Uhrzeit, zu der er am nächsten Morgen zu erscheinen hat. Fragen Sie ihn, ob er morgens genug Zeit einkalkuliert, um pünktlich bei der Arbeit zu sein.

Wenn ein Mitarbeiter bestimmte Qualitätsstandards nicht erreicht, dann sagen Sie ihm nicht, er solle aufhören, Details zu übersehen und Anforderungen zu ignorieren. Geben Sie ihm eine Checkliste aller Details und Anforderungen, die er beachten soll. Sprechen Sie vorab mit ihm. Bitten Sie ihn, die Checkliste immer dabei zu haben und jeden Punkt und jede Anforderung abzuhaken, die erledigt wurde.

Sagen Sie einem Mitarbeiter nicht, er solle aufhören zu fluchen. Zeigen Sie ihm andere Ausdrücke, mit denen er seinem Ärger Luft machen kann, zum Beispiel »Scheibenkleister!« oder »Verflixt!«

Wenn ein Mitarbeiter zu langsam ist, dann legen Sie eine realistische Anzahl von Aufgaben pro Stunde oder realistische kurze Fristen mit klaren zeitlichen Meilensteinen fest. Empfehlen Sie Ihrem Mitarbeiter, sich für jede Aufgabe eine Zeitgrenze zu setzen und diese auch einzuhalten.

Wenn ein Mitarbeiter am Arbeitsplatz zu viele Privatunterhaltungen führt, coachen Sie ihn und bringen ihm bei, ruhig zu sein und sich den ganzen Tag auf seine Arbeit zu konzentrieren.

Viele der ärgerlichsten Leistungsprobleme scheinen schwer greifbar zu sein und erwecken daher den Eindruck, man könne die Mitarbeiter in diesem Punkt nur schwer coachen. Wie vermitteln Sie einem Mitarbeiter, dass er sich eine positivere Haltung zulegen soll? Wenn Sie wollen, dass sich seine negative Haltung noch weiter verschlechtert, dann gehen Sie hin und sagen dem betreffenden Mitarbeiter, dass seine Haltung negativ ist. Tun Sie das nicht. Es ist nie hilfreich, ein Verhalten »beim Namen zu nennen«, wenn Sie versuchen, eine Verhaltensänderung herbeizuführen. Beschreiben Sie das Verhalten lieber.

Anstatt zu sagen: »Sie haben heute Morgen schlechte Laune, und das stört wirklich«, versuchen Sie sich ungefähr folgendermaßen auszudrücken: »Um 9.13 Uhr kamen Sie herein. Anstatt die Tür leise zu schließen, haben Sie heftig an der Klinke gezogen, sodass die Tür laut zuknallte. Dann haben Sie sehr lauter gesagt: ‚Dieser Laden ist das Letzte!' Danach sind Sie so schnell zu Ihrem Schreibtisch gestampft, dass der Boden bei jedem Schritt zitterte.« Anschließend verknüpfen Sie dieses Verhalten mit den konkreten Arbeitsergebnissen: »Das lenkt andere Mitarbeiter von ihrer Arbeit ab. Ihre Kollegen und auch ich wollen dann eigentlich nicht mit Ihnen sprechen, auch wenn wir etwas von Ihnen brauchen.«

Beschreiben Sie dann das Verhalten, das Sie stattdessen sehen wollen: »Morgen erscheinen Sie bitte um 9.00 Uhr. Wenn Sie die Tür zumachen, dann knallen Sie sie bitte nicht zu, sondern halten die Klinke fest und schließen die Tür leise. Versuchen Sie zu lächeln und mit ruhiger Stimme zu sprechen. Gehen Sie langsam und mit ruhigen Schritten. Wenn Sie den Drang verspüren, etwas Negatives zu sagen, dann beißen Sie sich auf die Zunge. Ich möchte, dass Sie morgen und jeden weiteren Tag so zur Arbeit erscheinen. Lassen Sie uns daraus ein Standardverfahren machen.«

Und wenn es einem Mitarbeiter an Enthusiasmus oder Leidenschaft für seine Arbeit mangelt? Binden Sie ihn stärker in das Projekt ein und vermitteln sie ihm neue Fertigkeiten. Man muss sich immer daran erinnern, dass nur wenige Menschen irgendeine Tätigkeit mit Leidenschaft und Enthusiasmus beginnen. Die meisten müssen ihre Tätigkeit erst eine Weile ausüben, bevor sie irgendeine Begeisterung dafür empfinden. Außerdem ist es normalerweise nicht der Inhalt der Tätigkeit, der sie mit Begeisterung erfüllt, sondern vielmehr die Art und Weise, *wie* sie die Tätigkeit ausüben. Wenn Menschen etwas mit Zweck und Präzision tun, dann können sie Freude an ihrer Tätigkeit entwickeln. Es hilft auch, wenn sie mit anderen Menschen zusammenarbeiten, denen ihre Arbeit Spaß macht.

Und wenn ein Mitarbeiter keine Eigeninitiative ergreift? Geben Sie ihm eine ausdrückliche Liste mit »Extraaufgaben«, um Leerlaufzeiten zu vermeiden. Mitarbeiter, die keine Initiative zeigen, sind oft nicht sicher, was sie tun sollen, nachdem sie die grundlegenden Aufgaben erledigt haben. Indem Sie ihnen zusätzliche Aufgaben übertragen, beseitigen Sie die Unsicherheit. Erklären Sie ihnen, dass sie sich diesen Aufgaben widmen sollen, wenn sie ihre eigentliche Arbeit erledigt haben.

Wenn ein Mitarbeiter nicht genug Verantwortung übernimmt, sich um unangenehme Entscheidungen drückt oder keine Probleme löst, dann arbeiten Sie sehr eng mit dieser Person zusammen, um Entscheidungs-/Handlungsinstrumente zu entwickeln. Sprechen Sie jede Situation durch, die eventuell eintreten könnte. Erteilen Sie für jede Situation einfache und eindeutige Anweisungen: »Wenn A geschieht, machen Sie X. Wenn B eintritt, machen Sie Y. Wenn C geschieht, machen Sie Z«, und so weiter.

Wenn ein Mitarbeiter seine Arbeit ordentlich macht, sich darüber hinaus aber nie besonders anstrengt, dann beschreiben Sie ihm das Gesamtbild. Erklären Sie ihm genau, wie eine besondere Anstrengung aussieht und sorgen Sie dafür, dass er erkennt, was für ihn da-

143

bei herausspringt: »Wenn Sie sich heute besonders anstrengen, während Sie A, B und C machen, dann kann ich für Sie im Gegenzug Folgendes tun.«

Sie werden überrascht sein, wie viele scheinbar schwer greifbare Probleme Sie allein dadurch greifbar machen können, indem Sie hart daran arbeiten, Ihre Erwartungen klarzustellen. Mit einem gewissen Maß an beständigem Coaching können Sie Ihren Mitarbeitern helfen, auch so schwer greifbares Verhalten wie eine negative Haltung, fehlenden Enthusiasmus oder mangelndes Engagement dauerhaft und signifikant zu verändern.

Konflikte zwischen Mitarbeitern

Eines der schwierigsten Leistungsprobleme, mit denen Manager häufig konfrontiert werden, sind Konflikte unter ihren Mitarbeitern. Die Ursachen dieser Konflikte sind vielfältig. Manchmal sind es persönliche Antipathien, manchmal sind es echte Bauchschmerzen – persönlicher und beruflicher Natur.

Sie können nicht bei jedem Streit den Schiedsrichter spielen. Aber Sie können die Konflikte erheblich verringern, indem Sie ein Vorgesetzter sind, der dafür sorgt, dass sich seine Mitarbeiter auf die Arbeit konzentrieren. Wenn Sie sicherstellen, dass Ihre Mitarbeiter vollauf mit ihrer Arbeit beschäftigt sind, haben sie weniger Zeit für Konflikte untereinander. Wenn Sie Ihre Mitarbeiter jeden Tag coachen, Ihre Erwartungen formulieren und auf Schritt und Tritt ihre Leistung verfolgen, dann werden sich Ihre Mitarbeiter weniger Gedanken um andere Mitarbeiter und mehr um die Erledigung ihrer eigenen Arbeit machen. Und je fokussierter sie in ihrer gemeinsamen Arbeit sind, desto kooperativer werden sie sich verhalten. Wenn Konflikte auftreten und Sie über alle Details im Bild sind, werden Sie wissen, welches Verhalten zu einem Mitarbeiter passt oder was glaubhaft klingt und was nicht. Dann sind Sie in einer besseren Position, um die Situation zu bewerten und die richtigen Entscheidungen zu treffen.

Wenn bestimmte Mitarbeiter immer wieder aneinander geraten, dann bemühen Sie sich, die Streithähne auf Distanz zueinander zu halten, indem Sie sie in unterschiedlichen Bereichen oder Schichten einsetzen. Wenn ein bestimmter Mitarbeiter anfällig für Konflikte ist, dann besprechen Sie dieses Problem in Ihren regelmäßigen Coachinggesprächen mit ihm. Erinnern Sie ihn daran, wie er Auseinandersetzungen vermeiden und positiv mit seinen Kollegen umgehen kann, bevor ein neuer Konflikt entsteht. Geben Sie ihm vor, was er sagen soll und wie er es sagen soll, um konfliktfrei kommunizieren zu können.

Wenn Sie ungewöhnlich viele Konflikte zwischen Ihren Mitarbeitern feststellen, dann ist es ganz entscheidend, dass Sie herausfinden, woran das liegt. Wahrscheinlich sind Sie sogar Teil des Problems. Wenn Sie Ihre Erwartungen nicht unmissverständlich formulieren und nicht die Leistung jedes Einzelnen verfolgen, dann geben sich die Mitarbeiter gegenseitig die Schuld für Probleme und entwickeln Ärger aufeinander, weil es keine echte Verantwortlichkeit gibt. Je straffer Sie die Zügel halten, desto weniger Raum für Entfaltung lassen Sie wahrscheinlich einem Großteil dieser Konflikte. Vielleicht liegt es aber auch gar nicht an Ihnen. Es könnte sein, dass die Konflikte mit der Funktionsweise Ihres Teams zusammenhängen. Existiert ein hohes Maß an gegenseitiger Abhängigkeit? Müssen sich die Teammitglieder ungewöhnlich stark aufeinander stützen? Gibt es Standardverfahren, die sicherstellen, dass die verknüpften Arbeitsabläufe und Abhängigkeiten reibungslos funktionieren? Vielleicht können Sie bestimmte Aspekte Ihres Geschäftsprozesses verändern, um unnötige Konflikte zu vermeiden.

Wenn die Probleme andauern

Einige Probleme widersetzen sich einer Lösung, selbst wenn Sie noch so offensiv und hartnäckig daran arbeiten. Treten Sie einen Schritt zurück und fragen Sie sich, ob Sie etwas vergessen haben. Haben Sie das Problem richtig diagnostiziert? Müssen Sie das Problem aus einem anderen Blickwinkel betrachten? In dieser Situation fallen fast alle Leistungsprobleme in eine oder mehrere der drei folgenden Kategorien: Fähigkeit, Fertigkeit oder Wille.

➤ Wenn das Problem in mangelnden Fähigkeiten liegt, dann entsprechen die natürlichen Stärken Ihres Mitarbeiters wahrscheinlich einigen oder allen Aufgaben und Verantwortlichkeiten seiner derzeitigen Rolle nicht. In diesem Fall ist es am besten, wenn Sie die Aufgaben und Verantwortlichkeiten, für die Ihr Mitarbeiter nicht die erforderlichen Fähigkeiten besitzt, durch andere, besser geeignete Aufgaben ersetzen. Wenn das nicht möglich ist, müssen Sie sich der Tatsache stellen, dass Sie für diese Stelle die falsche Person eingestellt haben.

➤ Wenn mangelnde Fertigkeiten das Problem sind – fehlendes Wissen, mangelnde Beherrschung einer bestimmten Technik oder fehlende notwendige Instrumente oder Ressourcen –, dann ist es Ihre Aufgabe, dafür zu sorgen, dass der Mitarbeiter erhält, was er für seinen Erfolg braucht. Finden Sie die Lücken in seinen Fertigkeiten und schließen Sie sie, indem Sie ihm Schulungen anbieten beziehungsweise ihm die richtigen Instrumente und Ressourcen zur Verfügung stellen. Wenn Sie ihm nicht das geben können, was er braucht, ist es Ihre Verantwortung, mit diesem Mitarbeiter zu arbeiten, um herauszufinden, wie Sie sich so gut wie möglich ohne diese Dinge behelfen können.

➤ Die härteste Nuss ist natürlich die Motivation – der Wille, Leistung zu erbringen. Jeder Mensch ist anders, und so lässt sich jeder von anderen Dingen motivieren. Bei hartnäckigen Leistungsproblemen lautet die wahre Frage: »Was demotiviert diesen Mitarbeiter?« Manchmal hat ein Mitarbeiter ein Problem, das in seiner Person liegt, zum Beispiel eine Charaktereigenschaft, die er nicht los wird. Vielleicht hat er ein körperliches oder psychisches Leiden, das eine Behandlung durch einen geschulten Therapeuten oder Arzt erfordert. Wenn Sie einen Mitarbeiter haben, der aufgrund von Problemen, die in seiner Persönlichkeit liegen, nur eingeschränkt leistungsfähig ist, dann haben Sie nur eine Möglichkeit, nämlich ihn an die Personalabteilung zu verweisen, damit er sich professionelle Hilfe holt. Sie sind weder sein Arzt oder Psychologe und auch nicht sein bester Freund. Am Arbeitsplatz sind Sie sein Vorgesetzter. Manchmal geht es um sehr heikle Probleme, die nur von jemand behandelt werden können, der speziell dafür qualifiziert ist. Öfter mangelt es Mitarbeitern jedoch aus externen Gründen an Motivation. Vielleicht gibt es etwas, das der Mitarbeiter gern hätte, aber nicht bekommt – bessere Arbeitsbedingungen, flexiblere Arbeitszeiten, das Recht, sich seine Kollegen oder Aufgaben auszusuchen. Gibt es irgendein Bedürfnis oder einen Wunsch, den Sie diesem Mitarbeiter als Anreiz zu intelligenterem, schnellerem und besserem Arbeiten erfüllen können?

Vorbereitung auf ein unangenehmes Gespräch

Wenn Sie ein anhaltendes Leistungsproblem diagnostiziert haben, müssen Sie einen Strategieplan erstellen, um diesem Problem wirksam zu begegnen. Daraus sollte keines dieser verhassten Gespräche werden, die zwangsläufig eine schreckliche Erfahrung sind – es kann eine Intervention sein, aber eine positive.

Gehen Sie zunächst Ihre Aufzeichnungen aus den vorherigen Gesprächen durch. Stellen Sie sicher, dass Sie alle relevanten Details zur Verfügung haben: Daten und Uhrzeiten, zu denen der Mitarbeiter bestimmte Handlungen nicht unternommen hat, die erforderlich waren, um die Erwartungen, die Sie auf Schritt und Tritt formuliert haben, zu erfüllen. Zweitens überlegen Sie sich, welche Rolle Sie bei dem Leistungsproblem des Mitarbeiters spielen: Sind Sie sich ganz sicher, dass Sie diesem Mitarbeiter intensiv und gründlich geholfen haben, seine Leistung zu verbessern? Haben Sie Ihre Erwartungen ständig und unmissverständlich formuliert? Haben Sie die Leistung des Mitarbeiters auf Schritt und Tritt überwacht und genau und gerecht gemessen? Haben Sie ihm jede Chance geboten, sich zu verbessern? Haben Sie all das kontinuierlich schriftlich dokumentiert? Konsultieren Sie vor Ihrem weiteren Vorgehen einen Experten aus der Personalabteilung und schaffen Sie sich dort einen Verbündeten.

Wenn Sie das Problem mit dem Mitarbeiter in der Vergangenheit bereits besprochen und alles in Ihrer Macht Stehende unternommen haben, um ihm bei der Lösung dieses Problems zu helfen, dann kann die anstehende Konfrontation für ihn eigentlich keine Überraschung sein. Dennoch müssen Sie sich gründlich vorbereiten. Erstellen Sie ein Skript, damit Sie im Verlauf des Gesprächs nicht von Ihrem Kurs abweichen. Nehmen Sie jede Ausrede vorweg, die der Mitarbeiter typischerweise anführt, um die mangelnde Verbesserung seiner Leistung zu rechtfertigen. Wahrscheinlich kennen Sie sie inzwischen alle. Wenn Sie sich vorbereiten, sind Sie in der Lage, diesen Ausreden von vornherein den Wind aus den Segeln zu nehmen und sie anzusprechen, bevor Ihr Mitarbeiter sie wieder vorbringt.

Achten Sie während des Gesprächs darauf, dass Sie

› klarstellen, dass Sie zusammengekommen sind, um ein Problem zu besprechen;

› den Mitarbeiter direkt mit dem Problem konfrontieren und ihm mitteilen, dass seine mangelnde Leistungsverbesserung inakzeptabel ist;

› die Fakten präsentieren, die Sie dokumentiert haben und sich dabei so konkret wie irgend möglich ausdrücken;

› mit dem Mitarbeiter eine Liste an nicht verhandelbaren Handlungspunkten besprechen, die der Mitarbeiter innerhalb einer bestimmten Frist erfüllen muss;

› unmissverständlich darlegen, dass eine mangelnde Beseitigung des Leistungsproblems, egal worin es besteht, für den Mitarbeiter negative Konsequenzen haben wird.

Negative Konsequenzen

Wenn ein Mitarbeiter seine Leistung trotz aller Aufforderungen, Ermahnungen und Unterstützung nicht verbessert, dann müssen Sie an einem bestimmten Punkt durchgreifen und echte negative Konsequenzen folgen lassen. Welche Konsequenzen können Sie verhängen?

▸ Hören Sie auf, sich für seine Wünsche und Bedürfnisse einzusetzen. Warum sollten Sie sich für einen Mitarbeiter engagieren, der chronische Minderleistung erbringt?

▸ Streichen Sie eine oder mehrere Sonderbelohnungen, die der Mitarbeiter sich in der Vergangenheit vielleicht verdient hat. Warum sollte er weiterhin in den Genuss dieser Belohnungen kommen, wenn seine Leistung das nicht mehr rechtfertigt? Er verdient sie nicht länger. Erinnern Sie Ihre Mitarbeiter stets daran, dass Belohnungen keine automatische Dauerleistung sind, sondern an eine kontinuierlich gute Leistung geknüpft werden.

▸ Nutzen Sie Ihre Handlungsspielräume, um den Mitarbeiter zu bestrafen. So haben Manager zum Beispiel einen Handlungsspielraum, wenn es um die Gestaltung der Arbeitszeit geht. Warum sollte ein hartnäckiger Leistungsverweigerer die flexiblen Arbeitszeiten oder die Schichten zugeteilt bekommen, die er möchte? Geben Sie ihm die schlechtesten Arbeitszeiten. Auch bei der Verteilung der Aufgaben haben Manager Handlungsspielräume. Ein General der US-Army drückte das folgendermaßen aus:»Wenn ein Soldat die ganze Woche gebummelt hat, dann muss er in der folgenden Woche eben die Latrinen putzen. Ich hebe die besten Aufgaben immer für die Soldaten auf, die sich am meisten anstrengen, und die unangenehmsten Aufgaben für die Soldaten, denen ich eine kleine Lektion verpassen möchte.«

Neben diesen negativen Konsequenzen gibt es nur noch den Weg, dem betreffenden Mitarbeiter mitzuteilen, dass er seinen Job riskiert. Das ist noch keine Entlassung, aber ein Warnschuss, der besagt, dass er wirklich Gefahr läuft, entlassen zu werden, wenn seine Leistungen nicht besser werden. Jede falsche Bewegung des Mitarbeiters kann bedeuten, dass er den Weg zum Arbeitsamt antreten muss. Jedes Mal, wenn er eine falsche Bewegung macht, müssen Sie sich zwischen zwei Optionen entscheiden: diesen Mitarbeiter sofort zu entfernen oder ihm eine zweite Chance zu geben.

Die Entlassung ist natürlich die äußerste Strafe. Doch bevor Sie jemanden vor die Tür setzen, sollten Sie darüber nachdenken, ob Sie ihm eine allerletzte Chance geben sollten. Warum? Dafür gibt es fünf Gründe:

1. Sie haben bereits Zeit, Energie und Geld in den Mitarbeiter investiert. Wenn Sie noch ein wenig mehr investieren, erhalten Sie vielleicht tatsächlich eine Rendite auf Ihre Investition.

2. Je nach Situation, dem betreffenden Mitarbeiter und Ihren eigenen Gefühlen ihm gegenüber, wollen Sie sich für diesen Menschen vielleicht besonders anstrengen.

3. Wenn Sie einen leistungsschwachen Mitarbeiter in einen leistungsstarken verwandeln, dann werden Sie Ihrem Unternehmen und Ihrem Team die Kosten der Mitarbeiterfluktuation ersparen. Dazu gehören die Kosten der Entlassung, einschließlich einer möglichen Abfindung, die Kosten der Anwerbung, Einarbeitung und Schulung eines neuen Mitarbeiters und die Kosten der Ausfallzeiten, die durch die Entlassung eines Mitarbeiters entstehen.

4. Im Falle eines Arbeitsgerichtsprozesses ist Ihre Position möglicherweise stärker, wenn Sie dem betreffenden Mitarbeiter noch eine letzte Chance zur Leistungsverbesserung eingeräumt haben, bevor Sie die Kündigung ausgesprochen haben.

5. Ihr Unternehmen verlangt es womöglich.

Es gibt aber auch eine Reihe guter Gründe, warum die letzten Chancen an einem bestimmten Punkt ein Ende haben müssen. Hier sind sie:

1. Wenn der Mitarbeiter ein hoffnungsloser Fall ist, sind die Kosten der Fluktuation tatsächlich fiktiv. Die Hauptkosten der Ein-

stellung eines falschen Mitarbeiters sind bereits entstanden. Eine Weiterbeschäftigung dieser Person kostet mehr als ihre Entlassung.

2. Sie sollten nicht noch mehr Zeit, Energie und Geld in einen Mitarbeiter investieren, von dem Sie nicht glauben, dass sich seine Leistungen in absehbarer Zeit verbessern werden.

3. Je nach Situation und Person bietet eine letzte Chance dem betreffenden Mitarbeiter die Möglichkeit, sich abfällig über Sie, das Team und das Unternehmen zu äußern, eine Chance, schlechte Arbeit zu leisten und Probleme zu verursachen und eine Chance zu stehlen oder Sabotage zu betreiben.

4. Wenn Sie genau über Ihre Maßnahmen, Gespräche und Sanktionen und die Leistungsversäumnisse des Mitarbeiters Buch geführt haben, müssen Sie ihm wahrscheinlich gar keine letzte Chance einräumen, um Ihre eigene Position zu stärken. Dann ist Ihre Position bereits stark.

5. Ihr Unternehmen verlangt womöglich, dass Sie keine weitere Chance einräumen.

Ob und zu welchem Zeitpunkt Sie einen Mitarbeiter entlassen, ist immer eine schwere Entscheidung. Sie müssen eine geschäftliche Entscheidung treffen. Wenn Sie die Leistungen des betreffenden Mitarbeiters auf Schritt und Tritt überwacht, gemessen und dokumentiert haben, sind Sie in einer viel besseren Position, um die richtige Entscheidung zu treffen.

Entlassung hartnäckiger Leistungsverweigerer

Manchmal sagen mir Manager: »Ich möchte einen meiner Mitarbeiter wirklich liebend gern entlassen, aber wir sind personell unterbesetzt und alle in unserem Team sind bereits überarbeitet. Ich habe das Gefühl, ich kann diesen Leistungsverweigerer nicht loswerden, weil die verbleibenden Mitarbeiter dann noch mehr arbeiten müssen.« Diese Manager wollen wissen: »Ist die 50-prozentige Leistung eines schwachen Mitarbeiters manchmal nicht besser, als überhaupt keinen Mitarbeiter auf der betreffenden Stelle zu haben?«

Meine Antwort lautet: N-E-I-N. Nein, nein, nein!

Es gibt jedoch Zeiten, in denen es sinnvoll ist, noch etwas länger an einem hartnäckigen Leistungsverweigerer festzuhalten. Wenn Sie sich wahnsinnig anstrengen, werden Sie vielleicht noch das letzte Quäntchen Arbeit aus einem leistungsschwachen Mitarbeiter herauspressen. Einer meiner Kunden aus der Gastronomie äußerte sich dazu folgendermaßen: »Feuern Sie nie einen Spüler an einem Freitagabend!« Das stimmt. Lassen Sie ihn so viel schmutziges Geschirr spülen wie möglich – die am stärksten verkrusteten und angebrannten Töpfe und Pfannen. Und dann setzen Sie ihn auf die Straße.

Wählen Sie den Zeitpunkt der Entlassung mit Bedacht. Aber feuern müssen Sie Leistungsverweigerer, die sich partout nicht bessern wollen. Fünfzig Prozent eines Mitarbeiters sind nicht besser als null Prozent. Es gibt vier Gründe, warum Sie hartnäckige Leistungsverweigerer entlassen müssen.

1. Sie werden bezahlt.
2. Sie verursachen Probleme, die andere Mitarbeiter lösen müssen.
3. Leistungsstarke Mitarbeiter müssen mit leistungsschwachen Mitarbeitern zusammenarbeiten – und Sie können es sich nicht leisten, dass die leistungsstarken Mitarbeiter gehen.
4. Leistungsschwache Mitarbeiter senden eine ganz schlechte Botschaft aus: »Schlechte Leistung wird hier akzeptiert.« Auf gar keinen Fall. Das darf niemals eine Option sein.

Wenn Ihr Team personell unterbesetzt und überarbeitet ist, dann ist Hochleistung Ihre einzige Option. Sie müssen in der Lage sein, aus allen Mitarbeitern mehr und bessere Arbeit herauszuholen. Sie können es sich nicht leisten, negative Energie und überflüssige Probleme mit sich herumzuschleppen, die ein Leistungsverweigerer ins Team trägt und damit alle anderen herunterzieht.

Die Entlassung eines Mitarbeiters ist eins der unangenehmsten Dinge, die Sie als Manager zu tun haben. Manchmal muss es aber einfach sein. Das schulden Sie sich, dem Team und Ihrem Unternehmen. Es ist die äußerste Konsequenz am Arbeitsplatz, aber ohne harte Konsequenzen für dauerhafte Minderleistung ist Verantwortlichkeit ein leerer Begriff.

Die Entlassung eines Mitarbeiters ist oft nicht einfach. Üblicherweise müssen Sie viele Hürden nehmen, bevor Sie jemandem die rote Karte zeigen können. Einer der Gründe dafür ist Fairness: Jeder will sichergehen, dass Mitarbeiter nicht aus Gründen entlassen werden, die nichts mit ihrer Leistung zu tun haben. Und natürlich wollen Arbeitgeber sicher sein, dass sie nicht von einem entlassenen Mitarbeiter verklagt werden, beziehungsweise dass sie alles getan haben, um sich erfolgreich gegen eine Kündigungsschutzklage zu verteidigen, falls es so weit kommt. Lernen Sie die Regeln. Befolgen Sie die Regeln. Nutzen Sie die Regeln. Und bitten Sie Ihren Vorgesetzten, andere Manager, die Personalabteilung und die Rechtsabteilung Ihres Unternehmens um Hilfe.

Wenn Sie Probleme unverzüglich und energisch lösen, müssen Sie wahrscheinlich nie jemanden entlassen

Manchmal lässt sich eine Entlassung aber einfach nicht vermeiden. Einige Unternehmen fürchten sich so sehr vor Arbeitsgerichtsprozessen, dass sie ein ungeschriebenes Gesetz gegen Entlassungen haben. In anderen Fällen ist der Entlassungsprozess so zeitaufwendig und mühselig, dass Manager glauben, eine Entlassung sei eigentlich keine echte Option. Mir haben unzählige Manager berichtet, sie hätten über Monate, manchmal sogar Jahre, immens viel Zeit mit dem Versuch verbracht, einen Mitarbeiter zu entlassen. Und gelegentlich setzt sich der betreffende Mitarbeiter trotz aller Anstrengungen durch und wird nicht entlassen. Es gibt ganze Nationen, in denen es aufgrund der Gesetze fast nicht möglich ist, einen Mitarbeiter zu entlassen oder wenigstens zurückzustufen.

Wenn Sie einen Mitarbeiter loswerden müssen, aber in einer solchen Klemme stecken, was können Sie dann tun? Druck ausüben. Intensives, aktives Mitarbeitermanagement und eine fortgesetzte, deutliche Kritik an seiner (mangelnden) Leistung wird üblicherweise genügend Druck ausüben, um bei einem hartnäckigen Leistungsverweigerer den Wunsch zu wecken, das Unternehmen aus eigenem Antrieb zu verlassen. Fast immer wird er aufgeben, bevor Sie zur Tat schreiten müssen. Leistungsverweigerer mögen es nicht, am straffen Zügel geführt zu werden. Sie mögen keine Überwachung, und sie wollen nicht die Konsequenzen ihrer Minderleistung spüren. Tun Sie alles in Ihrer Macht Stehende, um immer wieder aufs Neue Konsequenzen zu verhängen, egal wie gering sie sein mögen. Haben Sie jemals mit einer starken Taschenlampe unter einen Stein geleuchtet? In Windeseile machen sich die Asseln aus dem Staub. Wenn Sie einen Leistungsverweigerer ins Zentrum der allgemeinen Aufmerksamkeit rücken, wird er üblicherweise nach der Ausgangstür suchen und nach einem Vorgesetzten Ausschau halten, der ihn in Ruhe lässt. Möglicherweise lässt er sich in eine andere Abteilung versetzen. Das ist leider nicht zum Vorteil Ihres Unternehmens, aber zumindest haben Sie das Problem für sich gelöst.

Natürlich sollten Sie hoffen, dass er bei einem Ihrer Wettbewerber eine neue Arbeitsstelle findet.

Kapitel 9: Tun Sie für einige Mitarbeiter mehr und für andere weniger

Sie mühen sich damit ab, eine jährliche Rangfolge der zwölf Mitarbeiter zu erstellen, die Ihnen direkt unterstellt sind – eine neue Anforderung Ihres Unternehmens. Es gibt eine Menge negativer Gefühle und Groll über das neue Vergütungssystem, und Sie befinden sich in einer unangenehmen Lage. Wenn Sie Ihren maximalen Handlungsspielraum im Rahmen des neuen Systems ausnutzen, könnten Sie einigen Mitarbeitern wesentlich größere Gehaltserhöhungen und Boni bewilligen, und anderen wesentlich geringere. Sie wissen, dass Sie das wahrscheinlich tun sollten, aber Sie wollen die Mitarbeiter, die weniger erhalten, nicht vor den Kopf stoßen und verärgern. Die Chance, dass die Rangfolge und ihre finanziellen Konsequenzen geheim bleiben, ist gering.

Sie wählen zwei Mitarbeiter aus – die beiden, die offensichtliche Superstars sind. Sie dürfen nur zwei Mal die Bewertung A vergeben, aber Sie geben keinem Mitarbeiter die Bewertung A+, weil das noch höhere Gehaltserhöhungen und Boni bedeuten und einen Großteil Ihres Budgets für finanzielle Belohnungen beanspruchen würde. Außerdem müssen Sie mindestens die Hälfte Ihrer Mitarbeiter mit C bewerten, also teilen Sie das Team so gut Sie können in zwei Hälften. Sie können die Bewertungen C- und B+ vergeben, aber das machen Sie nicht, weil Sie wissen, dass die mit C bewerteten Mitarbeiter dann verärgert sind, vor allem, weil sie nur geringe Gehaltserhöhungen bekommen und keinen Jahresbonus.

Während Sie die Rangfolge Ihrer Mitarbeiter erstellen, denken Sie sich: »Meine Mitarbeiter können sich eigentlich nicht beschweren.

Schließlich erhalten sie ein gutes Jahresgrundgehalt, gute Sozialleistungen und sogar eine kostenlose Mitgliedschaft in einem Fitnessstudio. Außerdem bekommt jeder, der hier arbeitet, jedes Jahr eine ordentliche Gehaltserhöhung. Das ist ein ziemlich gutes Angebot, und die Arbeitsbedingungen sind auch nicht schlecht«. Dann klopft Sam an Ihre Tür und fragt, ob Sie ein paar Minuten Zeit haben, um über seine Arbeitszeiten zu sprechen. Sam will donnerstags nicht mehr arbeiten. Sie blicken Sam in die Augen und erklären ihm, dass der Donnerstag ein besonders arbeitsintensiver Tag ist und Sie Ihre Mitarbeiter die Arbeitszeiten nicht frei bestimmen lassen können, denn wenn Sie einem entgegenkommen, dann kommen hinterher alle mit Sonderwünschen. »Tut mir Leid, Sam, aber ich kann mit Ihnen keine Sondervereinbarung treffen. Das wäre den anderen gegenüber nicht fair. Ich kann nichts für Sie tun; hier sind mir die Hände gebunden.«

Wie wird Sam wahrscheinlich reagieren? Das hängt davon ab, welcher Typ Mitarbeiter Sam ist, aber es gibt drei sehr wahrscheinliche Reaktionen:

1. Sam könnte sagen: »Tut mir Leid, dass ich Sie damit belästigt habe«, und still Ihr Büro verlassen. Aber das ist wahrscheinlich nicht das, was er denkt. Er denkt sich: »Das ergibt überhaupt keinen Sinn. Wer außer mir will denn noch nicht am Donnerstag arbeiten? Nach allem, was ich für Sie getan habe! Okay, sehen wir mal, wie viel Arbeit ich von nun an donnerstags schaffe ... und wahrscheinlich werden Sie es nicht einmal merken.«

2. Sam könnte sagen: »Ich akzeptiere kein Nein. Sie müssen mir donnerstags frei geben!« Vielleicht werden Sie Sam sagen: »Schlechte Karten, und jetzt gehen Sie.« Aber was machen Sie, wenn Sam weiter darauf besteht? Sie könnten wütend werden und ihn anfahren: »In diesem Ton reden Sie nicht mit mir. Ich bin Ihr Vorgesetzter. Sie sind entlassen!« Wenn Sie die Personalabteilung anrufen und diese Sie fragt, ob Sie irgendwelche schriftlichen Aufzeichnungen über Sams Leistung haben, dann müssen Sie zugeben, dass Sam sehr leistungsstark ist – und alle

schriftlichen Unterlagen bestätigen das. Jetzt haben Sie und Sam wirklich ein Problem, und nicht nur wegen des Donnerstags.

3. Sam könnte sagen: »Nun, dann vielen Dank für alles, aber ich gehe. Ich habe mich ein wenig umgehorcht auf dem Arbeitsmarkt, und es gibt einige großartige Unternehmen, die Verwendung für meine Qualifikationen haben. Tatsächlich gibt mir Ihr Wettbewerber von gegenüber den Donnerstag frei. Ich werde also dorthin gehen.« Wenn Sam ein leistungsstarker Mitarbeiter ist, weiß er das wahrscheinlich auch, und er weiß, dass er sehr viel mehr wert ist als ein leistungsschwacher Mitarbeiter. Er kennt seinen Wert. In diesem letzten Szenario könnten Sie Sam antworten: »Aber ich habe Sie begleitet und geschult, und jetzt brauche ich Sie. Sie sind ein leistungsstarker Mitarbeiter, den ich wirklich nicht verlieren möchte. Sam antwortet: »Das habe ich mir gedacht. Wie sieht es also mit Donnerstag aus?«

Sam hat irgendwie Recht. Die Wahrheit, die jeder kennt, aber niemand wahrhaben will, ist, dass ein leistungsstarker Mitarbeiter für das Unternehmen mehr wert ist, als drei oder vier durchschnittliche Mitarbeiter. Diese High-Performer kennen ihren Wert und nutzen ihn, um zu bekommen, was sie wollen und brauchen. Das Problem dabei ist, dass die meisten leistungsbezogenen Systeme bei der Bewältigung der schwierigen Aufgabe versagen, exzellente Leistungen zu gewährleisten; diese müssen verfolgt und direkt mit Belohnungen verknüpft werden. Und diese harte Arbeit muss von Managern an der Front geleistet werden, die die tägliche Erfahrung der Mitarbeiter und letztlich ihren Zugang zu allen möglichen Formen der Belohnung steuern.

Wenn Sie Sams Vorgesetzter sind und es sich nicht leisten können, ihn zu verlieren oder mit ihm auf Kriegsfuß zu stehen, dann geben Sie seinem Anliegen vielleicht statt. Aber Sie würden wahrscheinlich denselben Fehler machen, den viele Manager in dieser Situation machen: Sie würden mit ihm ein geheimes Abkommen treffen. »Okay, Sam. Ich gebe Ihnen donnerstags frei. Aber sagen Sie das bloß niemandem.« Nachdem andere Mitarbeiter Wind von Ihrer Abmachung mit Sam bekommen haben, steht Mary vor Ihrer Tür und sagt: »Ich habe gehört, Sam braucht donnerstags nicht mehr zu arbeiten. Er kann sich seine eigenen Arbeitszeiten aussuchen? Das kann sonst niemand. Sie bevorzugen Sam! Das ist nicht gerecht!«

Sie werden Mary, die eindeutig nur eine durchschnittliche Mitarbeiterin ist, Folgendes sagen: »Fair? Wollen Sie wissen, warum ich Sam eine Sonderbehandlung gewähre? Weil Sam wesentlich mehr arbeitet als Sie! Er fängt früh an und geht spät und arbeitet die ganze Zeit, die er hier ist, wirklich hart. Er hält jede Frist ein und zeigt genau das richtige Maß an Eigeninitiative, ohne seine Grenzen zu überschreiten. Aus diesem Grund gibt es diese Sondervereinbarung. Möchten Sie, dass ich Sie auch bevorzuge? Sagen Sie mir, was Sie möchten. Weil es nämlich verdammt Vieles gibt, das ich von Ihnen möchte. Ich hätte gern, dass Sie morgens früher kommen und abends länger bleiben und zwischendrin härter arbeiten. Ich möchte, dass Sie sich an die Verfahren halten und den ganzen Tag lang sehr schnell, sehr viel und sehr gut arbeiten. Sie wollen donnerstags auch nicht arbeiten? Okay, fangen wir mit einem Donnerstag nach dem anderen an. Wenn Sie diesen Donnerstag frei haben wollen, dann brauche ich diese Dinge hier bis Mittwoch um Mitternacht. Wir werden die Erwartungen ganz deutlich formulieren und schriftlich festhalten.«

Ich sage Managern jeden Tag: Treffen Sie keine geheimen Abmachungen. Hängen Sie ein Plakat in die Parkgarage: SAM MUSS DONNERSTAGS NICHT ARBEITEN. KOMMEN SIE IN MEIN BÜRO UND FINDEN SIE HERAUS, WARUM. Dann führen Sie mit jedem Mitarbeiter, der an Ihre Tür klopft, weil er auch eine maßgeschneiderte Vereinbarung möchte, ein Einzelgespräch. Sie können natürlich nicht jedem alles bieten. Und warum sollten Sie das auch wollen? Das wäre nicht gerecht. Also müssen Sie mit jedem Mitarbeiter einzeln verhandeln: »Was möchten Sie von mir? Okay, und das hier möchte ich von Ihnen.«

Die Gleichbehandlung aller Mitarbeiter ist eine stumpfe Waffe

In der Welt des mangelnden Mitarbeitermanagements tendieren die meisten Manager jedoch zur »Gleichbehandlung«, weil das einfacher ist. Ob es sich um einen Stundenlohn oder ein monatliches Festgehalt handelt: Wenn Mitarbeiter nach einem festen System vergütet werden, muss der Manager keine schwierigen Entscheidungen treffen und rechtfertigen; er muss sich in diesem Fall auch nicht mit jedem Mitarbeiter auseinandersetzen, um sicherzustellen, dass er weiß, was er tun muss, um das zu verdienen, was er braucht oder möchte. Für den Manager ist es angenehmer, wenn Mitarbeiter auf Basis einer starren Struktur vergütet werden, weil sie als Antwort auf die Anliegen ihrer Mitarbeiter dann dem »System« die Schuld geben können.

Es stimmt, dass eine einfache Verwaltung, falsch verstandene Gerechtigkeit und die Vermeidung von arbeitsrechtlichen Konflikten nach wie vor die Hauptinstrumente vieler Vergütungssysteme und Personalstrategien sind. Obwohl sich Forced Rankings und das Konzept der leistungsbezogenen Bezahlung immer stärker durchsetzen, findet man in den meisten Unternehmen immer noch eine Menge nicht leistungsbasierter »Gleichmacherei«. Ein Teil davon ist notwendig. Es gibt Mitgliedschaften in Fitnessstudios oder Kinderbetreuung und andere Sozialleistungen, in deren Genuss alle Mitarbeiter kommen. Diese schaffen ein Gefühl der Zugehörigkeit und Verbindung zum Unternehmen. Und zumindest bei einigen Mitarbeitern erzeugen sie ein Gefühl der Dankbarkeit. Zudem tragen sie zum Wohlergehen der Mitarbeiter bei, was wahrscheinlich ihrer Leistung zugute kommt, sodass sie ihrem Unternehmen im Lauf der Zeit eine bessere Investitionsrendite bieten. Wenn die Manager aber jegliche Ressourcen und Handlungsspielräume zur Gleichbehandlung aller Mitarbeiter ausgeschöpft haben, bleiben nicht mehr viele Ressourcen übrig. Ich kann Ihnen nicht sagen, wie oft Manager mir berichten, sie hätten nicht genügend Ressourcen zur Verfügung, um leistungsstarken Mitarbeitern eine besondere Belohnung zukommen zu lassen.

Aber wenn ich dann tiefer nachhake, finde ich viele Manager, die sich hinter dem »System« verstecken, selbst wenn sie in diesem System viel größere Handlungsspielräume haben, als sie tatsächlich nutzen. Oft haben Manager einen Bonuspool und Gelder für Gehaltserhöhungen, auf die sie nach eigenen Kriterien zurückgreifen können, aber dennoch bekommen alle Mitarbeiter ungefähr dieselben Boni und dieselben Gehaltserhöhungen. Dasselbe gilt für Arbeitsbedingungen und besondere Vereinbarungen. Bei der Gestaltung der Arbeitszeiten, der Übertragung von Aufgaben, der Bestimmung der Arbeitsbedingungen, der Zuweisung von Material aller Art etc. haben Manager oft weitreichende Entscheidungsbefugnisse. Warum tun sie dann nicht für einige Mitarbeiter mehr und für andere weniger? Viele Manager können oder wollen einfach die Zeit nicht aufbringen, die dafür nötig ist, die schwierigen, leistungsbasierten Unterscheidungen zu treffen und dann eine konsequente, leistungsabhängige Belohnung durchzuführen.

Echte Gerechtigkeit

»Leistungsstarke und leistungsschwache Mitarbeiter sollen dasselbe verdienen? Das ist aber nicht gerecht«, sagte der Manager eines großen Fertigungsunternehmens. »Sie müssen die Mitarbeiter auf Basis ihrer Leistung und ihrer Verdienste entlohnen.«

Ja, Sie wollen aus jedem Mitarbeiter mehr und bessere Arbeit herausholen. Die meisten Mitarbeiter tun tatsächlich ihr Bestes, um erfolgreich zu sein, und strengen sich sehr an, um das zu verdienen, was sie wollen und brauchen. Wenn Sie mehr für diejenigen tun, die mehr verdienen, dann folgt daraus, dass Sie weniger für die tun, die weniger Belohnung verdienen. Wenn sich Letztere irgendwann entsprechende Verdienste erarbeitet haben, dann tun Sie für diese Mitarbeiter auch mehr. Wenn ihre Verdienste gering sind, dann tun Sie entsprechend weniger für sie. Das ist nur gerecht.

Natürlich können Sie nicht jedem alle seine Wünsche erfüllen. Warum sollten Sie das auch wollen? Stellen Sie klar, wen Sie wie belohnen, und warum. Vielleicht werden andere sich dann auch mehr anstrengen, um ebenfalls in den Genuss von Sonderbelohnungen zu kommen. Aus diesem Grund ist es so wichtig, dafür zu sorgen, dass jeder Mitarbeiter weiß, wie und warum er eine Belohnung verdient und was er tun muss, um eine noch größere Belohnung (oder gar keine) zu erhalten.

Wie Sie das machen? Indem Sie Erwartungen formulieren und konkrete Belohnungen direkt mit der Erfüllung der Erwartungen verknüpfen. Wenn alle Mitarbeiter in Ihrem Team auf diese Weise gemanagt werden, werden sie sich seltener die Frage stellen, warum ein Kollege eine besondere Belohnung erhält. Warum? Weil jeder von ihnen aus Erfahrung weiß, dass er sich eine Sonderbelohnung verdienen muss. Sie wissen, dass sich Sam seine Sonderbelohnung wirklich verdient hat. Schließlich sind Sie ein Manager, der Leistung honoriert.

Wenn Sie Belohnungen direkt und gerecht an das Verhalten knüpfen, wird sich das Verhalten an den Belohnungen orientieren.

Echte Hebelwirkung

»Die Fähigkeit, mehr oder weniger für die eigenen Mitarbeiter zu tun, verleiht einem große Macht«, formulierte ein hochrangiger technischer Manager, den ich hier Hal nennen will. Als Hal vor einem sehr wichtigen Projekt mit einer äußerst knappen Frist stand, hatte er nur eine qualifizierte Ingenieurin, die er als seine Projektmitarbeiterin einsetzen konnte. »Diese Ingenieurin müsste Schwerstarbeit verrichten, im Klartext: Sie würde drei Wochen lang rund um die Uhr arbeiten müssen. Es wäre verdammt hart.« Als er Ginny – die besagte Ingenieurin – ansprach, »zögerte sie, all das fallen zu lassen, woran sie gerade arbeitete, mit ihrer Arbeit erheblich in Verzug zu geraten und ihre Familie praktisch einen Monat lang nicht zu sehen. Sie konnte den Auftrag eigentlich nicht ablehnen, aber es war mir wichtig, dass sie wirklich voll hinter dem Projekt stand und sich hundertprozentig darauf konzentrierte, es wirklich in der sehr kurzen Zeit zum Abschluss bringen zu können.« Nach einem ersten Gespräch erkannte Hal, was er eigentlich von Ginny verlangte. Also ging er zu seinem Chef und holte sich die Genehmigung, ihr ein Angebot zu unterbreiten, das sie nicht ablehnen konnte.

Hal fuhr fort: »Ich ging zurück zu Ginny und sagte ihr, dass wir sie bei diesem Projekt unbedingt brauchten. Ich bot an, einen Brief an ihre Familie zu schreiben, in dem ich das Projekt erklärte und ihnen für ihr Opfer dankte. Wir schickten der Familie einen Präsentkorb und wir boten ihr an, für die vier Wochen, die das Projekt dauern würde, die zusätzliche Kinderbetreuung zu bezahlen. Sie war uns wirklich dankbar, dass wir uns so viele Gedanken um ihre Familie machten, aber der eigentliche Haken war das Geld. Das Projekt musste in vier Wochen, genauer gesagt, in 28 Tagen abgeschlossen sein. Also bot ich Ginny einen großzügigen Bonus, zahlbar am 28. Tag bei Projektabschluss. Ginny machte sich Sorgen, dass sie vielleicht sehr hart arbeiten und dann die Frist um genau einen Tag verpassen und in diesem Fall überhaupt keinen Bonus erhalten würde.« Schließlich einigten sie sich auf folgende Vereinbarung: »Der Bonus würde mit jedem Tag, den sie die Frist überzog, sinken. Ginny bestand aber darauf, dass umgekehrt mit der vorzeitigen Fertigstellung des Projekts ein Bonuszuschlag verbunden sein sollte. Das musste ich absegnen lassen, aber es gelang mir, für jeden Tag, den sie die Frist unterbot, einen Zuschlag von 5 Prozent herauszuholen. Am Ende war sie sechs Tage früher fertig als vorgesehen. Sie schloss das Projekt mit allem Drum und Dran in nur 22 Tagen ab. Dafür erhielt sie den großzügigen Bonus plus 30 Prozent extra.« Das nenne ich echte Hebelwirkung.

Stellen Sie sich vor, Sie könnten damit aufhören, Ihre Mitarbeiter nach Anwesenheit zu bezahlen, und würden nur ihre einzelnen Arbeitsergebnisse kaufen. Was glauben Sie, würde passieren, wenn jeder Manager den Entscheidungsspielraum, die Fähigkeit, die Fertigkeiten und die Tatkraft besäße, mit seinen Mitarbeitern so zu verhandeln, als seien sie externe Lieferanten? Wenn Sie jede einzelne Belohnung und Sanktionierung an messbare Ergebnisse knüpfen könnten – für jeden einzelnen Mitarbeiter an jedem einzelnen Tag?

Denken Sie an Branchen, in denen die Mitarbeiter für jede definierte Einheit, die sie produzieren, eine vereinbarte Summe erhalten. Einige Wirtschaftsprüfungsgesellschaften bezahlen ihre Wirtschaftsprüfer nach den Steuerrückerstattungen, die sie für ihre Kunden erwirken, oder nach durchgeführten Audits. Für komplexere Rückerstattungen und Audits zahlen sie mehr, und wenn der gegenprüfende Wirtschaftsprüfer Fehler findet, zahlen sie weniger. Einige Hotels zahlen ihre Zimmermädchen nach der Anzahl der Zimmer, die sie putzen. Manche zahlen einen Aufschlag für besser geputzte Zimmer, je nachdem, wie gut die Checkliste über Standardleistungen erfüllt wurde. Arbeitsökonomen verfügen über überzeugende Daten, die belegen, dass die Produktivität der Arbeitskräfte substanziell steigt, wenn die Bezahlung direkt an die Arbeitsleistung gekoppelt wird. Warum sollte das nicht auf jede Tätigkeit anwendbar sein?

Geben Sie jedem Mitarbeiter die Chance, die grundlegenden Erwartungen an ihre Tätigkeiten zu erfüllen, und dann die Chance, sie zu übertreffen und entsprechend honoriert zu werden. Schaffen Sie durch offene Kommunikation Vertrauen und Transparenz, damit jeder Mitarbeiter genau weiß, was er tun muss, um in den Genuss von Belohnungen zu kommen – egal wie groß oder klein diese Belohnungen ausfallen. Überwachen, messen und dokumentieren Sie auf Schritt und Tritt. Und stehlen Sie sich nicht aus der Verantwortung, wenn es um die Verteilung der versprochenen Belohnungen und angedrohten Sanktionen geht, die sich Ihre Mitarbeiter mit ihren Entscheidungen und ihrem Verhalten verdienen.

Wenn Ihre Mitarbeiter die an sie gestellten Erwartungen erfüllen, dann erfüllen Sie Ihr Versprechen, sie dafür zu belohnen. Wenn Ihre Mitarbeiter die Erwartungen nicht erfüllen, dann müssen Sie sie umgehend für ihre Versäumnisse zur Rechenschaft ziehen und die Belohnung verweigern. Idealerweise belohnen Sie Ihre Mitarbeiter, wenn sie die an sie gestellten Erwartungen erfüllen – nicht früher und nicht später. Unmittelbare Belohnung sind am wirksamsten, weil es keine Zweifel an den Gründen für diese Belohnungen gibt und sie somit größere Steuerungsmöglichkeiten und einen höheren Verstärkungseffekt bieten. Die Mitarbeiter erinnern sich wahrscheinlich an die genauen Details und den Kontext ihrer Leistung und sind damit besser in der Lage, die erwünschte Leistung zu wiederholen. Darüber hinaus müssen sie sich nicht lange fragen, ob ihre Leistungen überhaupt bemerkt und gewürdigt werden, was die Wahrscheinlichkeit erhöht, dass sie ihre Erfolgsdynamik aufrechterhalten.

Vor Jahren berichtete mir der sehr innovative Leiter eines Unternehmens für Fitnessgeräte, den ich hier Jon nennen will, er betrachte alle direkten Vorgesetzten seiner Belegschaft als Vergütungsmanager. Jon schuf eine Kultur, in der die Manager kontinuierlich Leistung belohnten. »Ich glaube fest an Sofortprämien. Jeder Vorgesetzte hatte die Befugnis, leistungsstarken Mitarbeitern Boni in Höhe von mehreren Stundenlöhnen bis zu einem Wochenlohn zu zahlen. Wir hielten regelmäßige Besprechungen mit den Vorgesetzten ab, in deren Verlauf ich sie fragte, wie vielen Mitarbeitern sie in der vergangenen Woche einen Bonus gezahlt hätten. Wenn sie niemandem einen Bonus gezahlt hatten, sagte ich: ‚Wollen Sie mir sagen, Sie managen jede Woche vierzig Mitarbeiter und haben bei keinem Einzigen einen Grund gefunden, seine Leistung zu belohnen? Was ist los mit Ihnen?' Also hielten alle Vorgesetzten ständig Ausschau nach Gründen, um ihre Leute zu belohnen.« Und Sie können sicher sein, dass die Mitarbeiter sich überschlugen, um in den Genuss einer Sonderzahlung zu kommen. Es funktionierte. Jon sagt: »Wir produzierten jedes Jahr mehr als jedes andere Unternehmen der Branche, und zwar mit der Hälfte der Belegschaft, und die Sofortprämien hatten einen großen Anteil daran.« Wenn Vorgesetzte de facto zu Vergütungsmanagern werden, explodiert die Produktivität.

Seien Sie großzügig und flexibel

»Sie wollen gegenüber Ihren Mitarbeitern großzügig und flexibel sein. Warum auch nicht? Jeder strengt sich immer mehr an. Jeder steht unter einem immer größeren Druck. Jeder braucht immer mehr, als er bekommt.« Das sagte mir Fred, der Manager eines Cafés, einer Essmeile und diverser Mini-Märkte und Geschenkläden eines großen Krankenhauses. »Im Krankenhaus gab es einfach nicht viele Möglichkeiten, meine Mitarbeiter zu belohnen. Die meisten wurden auf Stundenbasis bezahlt. Auch die Mitarbeiter mit Monatsgehältern wurden an einer ziemlich kurzen Leine gehalten. Es gab zum Beispiel keine bezahlten Pausen.«

An diesem Punkt wurde aus dem normalen Sterblichen Fred ein Superchef: »In meiner Rolle als Vorgesetzter hatte ich Urlaubstage und andere Ansprüche an Sonderurlaub aufgespart. Man konnte sich diese nicht auszahlen lassen, aber man konnte sie sammeln. Nach 20 Jahren hatte ich mehrere hundert Tage angesammelt, und ich wusste, dass ich sie in absehbarer Zeit nicht aufbrauchen würde, da ich neben meinem regulären Urlaubsanspruch von 30 Tagen nicht einfach mehrere Wochen lang zusätzlichen Urlaub nehmen konnte. Also fragte ich die Personalabteilung, ob ich die akkumulierten Urlaubstage an meine Mitarbeiter als Belohnung verteilen könnte. Der Personalsachbearbeiter versuchte mich davon zu überzeugen, ich solle mir das noch mal überlegen. Er meinte, wenn ich bei Beendigung meiner Tätigkeit für das Unternehmen genügend Tage angesammelt hätte, könnte ich ein ganzes Jahr bezahlten Urlaub nehmen ... Ich musste allerdings nicht mehr darüber nachdenken ... Schließlich konnte ich die Personalabteilung dazu bewegen, meinem Plan zuzustimmen. Sie genehmigten mir, 25 Tage pro Jahr als Sonderbelohnung zu vergeben; das sind ungefähr zwei Tage pro Monat ... Das funktionierte vier Jahre lang, aber dann wurde die Genehmigung auf höherer Ebene zurückgenommen. Aber während dieser vier Jahre hatte ich diese großartige Form der Belohnung zur Verfügung, und meine Mitarbeiter wussten das. Und sie wussten diese Sonderurlaubstage wirklich zu schätzen«, sagte Fred mit zufriedenem Lächeln.

Wenn Sie der Vorgesetzte sind, besteht eine Ihrer vorrangigen Aufgaben darin, sich um Ihre Mitarbeiter zu kümmern. Denken Sie daran, dass diese arbeiten, um sich und ihre Familien zu ernähren. Sie wollen Ihre Unterstützung. Einige Manager setzen sich beständig stärker für ihre Mitarbeiter ein als andere. Wenn Sie nicht zu der ersten Sorte gehören, was ist dann los mit Ihnen?

Beginnen Sie damit, die Ressourcen zu nutzen, die Ihnen bereits zur Verfügung stehen. Nutzen Sie Ihren Einfluss auf die Arbeitsbedingungen, die Arbeitszeiten, auf Anerkennung, Gespräche mit Entscheidungsträgern, die Entscheidung über die Zuweisung von Arbeitsaufgaben, die Gewährung von Schulungsmaßnahmen, den jeweiligen Einsatzort der einzelnen Mitarbeiter und die Auswahl der jeweiligen Kollegen. Wenn auf Ihrem Schreibtisch ein Glas mit Süßigkeiten steht und ein Mitarbeiter seine Hand hineinstecken will, dann sollten Sie sagen: »So, Sie wollen also ein Stück Schokolade? Dann will ich dieses Ergebnis innerhalb dieser Frist von Ihnen. Und hier haben Sie die Richtlinien, die Sie dabei beachten müssen. Haben Sie mich verstanden?«

Haben Sie alle Möglichkeiten ausgeschöpft, um die Ihnen zur Verfügung stehenden Ressourcen zu erweitern? Hängen Sie sich ans Telefon und bitten Sie um eine Aufstockung der Ressourcen, machen Sie einen Kopfstand oder eine Rolle rückwärts, wenn sich das als nötig erweisen sollte. Nutzen Sie alle Ressourcen, die Sie bekommen können, als Anreiz, um die Leistung Ihrer Mitarbeiter zu steigern und sie gegebenenfalls belohnen zu können. Welche Schlüsselelemente, an denen Mitarbeiter typischerweise interessiert sind und die oft innerhalb des Handlungsspielraums ihrer Vorgesetzten liegen, lassen sich als Leistungsanreiz nutzen?

Das Vergütungspaket. Wie hoch ist das Grundgehalt und der Wert der Sozialleistungen? Wie hoch ist der fixe Anteil an der Gesamtvergütung? Wie hoch ist der variable Anteil, der von klaren Leistungsmarken abhängt, die ihrerseits direkt mit den konkreten Handlungen verknüpft sind, die jeder einzelne Mitarbeiter selbst beeinflussen kann? Welches sind die Hebel zur Steigerung oder Senkung der Vergütung?

Arbeitszeit. Wie sieht die Standardarbeitszeit aus? Wie viel Flexibilität bietet sie? Welches sind die Hebel zur Erzielung von mehr oder weniger Flexibilität?

Beziehungen. Mit wem wird ein Mitarbeiter arbeiten? Mit welchen Lieferanten, Kunden, Kollegen, Untergebenen und Vorgesetzten?

Welches sind die Hebel zur Steuerung, mit wem ein Mitarbeiter zusammenarbeiten darf (und/oder wem er aus dem Weg gehen kann)?

Aufgaben. Welche regelmäßigen Aufgaben und Verantwortlichkeiten werden dem Mitarbeiter übertragen? Gibt es irgendwelche speziellen Projekte? Welches sind die Hebel zur Steuerung der Möglichkeiten, einem Mitarbeiter größere Wahlmöglichkeiten im Hinblick auf die Aufgaben und Verantwortlichkeiten oder Projekte zu bieten?

Weiterbildungsmöglichkeiten. Welche grundlegenden Fertigkeiten und welches Basiswissen wird sich der Mitarbeiter aneignen, um seine grundlegenden Aufgaben und Verantwortlichkeiten zu erfüllen? Gibt es irgendwelche speziellen Weiterbildungsmöglichkeiten? Welches sind die Hebel zur Steuerung des Zugangs zu diesen besonderen Weiterbildungsmöglichkeiten?

Standort. An welchem Standort wird der Mitarbeiter eingesetzt? Wie groß sind die Einflussmöglichkeiten des Mitarbeiters auf seinen Arbeitsplatz? Wird der Mitarbeiter viel reisen müssen? Gibt es Möglichkeiten, an einen anderen Standort zu wechseln? Welches sind die Hebel zur Steuerung dieser Standortentscheidungen?

Helfen Sie Ihren Mitarbeitern dabei zu erhalten, was sie brauchen und wollen

Alle Mitarbeiter wollen individuell zugeschnittene Vereinbarungen, die einige oder alle diese Schlüsselelemente enthalten. Sie wollen wissen, was sie tun müssen, um in jedem dieser Bereiche in den Genuss größerer Vorzüge zu kommen. Helfen Sie ihnen dabei, indem Sie ihnen genau sagen, was sie dafür leisten müssen.

Wenn ein Mitarbeiter sagt, dass er donnerstags nicht arbeiten möchte, dann sagen Sie ihm, dass er dafür bis Mittwoch um Mitternacht A, B und C erledigen muss. Sie geben Ihrem Mitarbeiter die Kontrolle über seine Belohnung, indem Sie genau festlegen, was er tun muss, um sich diese Belohnung zu verdienen. Sie müssen überwachen, messen und dokumentieren, dass Ihr Mitarbeiter die Aufgaben A, B und C bis Mittwoch um Mitternacht erledigt hat. Wenn ihm das gelingt, dann haben Sie die Chance, ihn wirkungsvoll zu belohnen. Wenn Sie Ihren Einfluss auf die Flexibilität der Arbeitszeiten nutzen, wird Ihr Mitarbeiter mehr und schneller arbeiten, um in den Genuss der unmittelbar folgenden Belohnung zu kommen, die für ihn eine große Bedeutung hat. Tatsächlich hat diese Belohnung einen einzigartigen Wert für ihn, weil er sich genau die Belohnung gewünscht hat.

Warum ist das so? Wenn Sie herausfinden, was ein bestimmter Mitarbeiter wirklich von Ihnen braucht oder will, dann ist das so, als fänden Sie die berühmte Nadel im Heuhaufen. Ein Manager hat das mir gegenüber mal so ausgedrückt: »Ein Großteil der Kunst der Belohnung besteht darin zu wissen, wem man welche Belohnung wann und wie zukommen lässt. Das fällt bei jeder Person anders aus. Eine meiner Mitarbeiterinnen muss ab und zu gehen, um sich um ihre Kinder zu kümmern – üblicherweise in letzter Minute und ohne Vorwarnung. Ich lasse sie gehen, weil ich weiß, wie wichtig das für sie ist. Die Kehrseite ist, dass sie wirklich immer sehr hart arbeitet, weil sie will, dass ich sehe, wie sehr sie Flexibilität schätzt. Sie hat mir schon oft gesagt, dass diese Flexibilität ihre Arbeit für sie so wertvoll macht. Sie schätzt sie so sehr, dass sie sich doppelt anstrengt, um mir zu zeigen, dass sie diese Sonderregelung verdient. Und ich finde wirklich, dass sie sie verdient – sie verdient sie sich jeden Tag.« Wenn Sie die »Nadel (oder Nadeln) im Heuhaufen« eines Mitarbeiters finden, haben Sie einen höchst wirksamen Leistungsanreiz gefunden. Der betreffende Mitarbeiter wird wahrscheinlich bereit sein, sehr viel dafür zu tun – härter und länger, schneller, intelligenter oder besser zu arbeiten.

Ich sage Managern immer, sie sollten dankbar und nicht beleidigt sein, wenn ein Mitarbeiter ungewöhnliche Wünsche und Forderungen an sie heranträgt. Denn diese Mitarbeiter sagen Ihnen genau, was sie wollen. Sie geben Ihnen freiwillig den Hinweis auf die Nadel im Heuhaufen. Wenn Sie selbst danach suchen müssen, ist das viel anstrengender und zeitaufwendiger. Wenn Sie einen Weg finden können, Ihrem Mitarbeiter diese Nadel im Heuhaufen anzubieten, dann sind Sie in der Position, eine maßgeschneiderte Abmachung mit ihm zu treffen.

Ich will Ihnen hier meine beste Geschichte über die Nadel im Heuhaufen erzählen. Nat, der Manager eines großen US-amerikanischen Unternehmens für Wettbewerbsanalyse, stellte einen jungen promovierten Absolventen einer Eliteuniversität ein. Der junge Mann begann als Analyst, aber – so Nat – »lief ziemlich bald mit missmutigem Gesichtsausdruck herum, sprach mit niemandem und arbeitete nicht so viel, wie er sollte. Er wirkte beinahe deprimiert.« Nat versuchte, im Rahmen von Einzelgesprächen sein Interesse und Engagement zu wecken. »Ich wusste, dass dieser junge Mann überaus clever war und ein großes Interesse an der Arbeit hatte, aber er war frustriert; irgendetwas schien ihn zu stören. Schließlich verriet er mir, es sei sein Büro. »Ich kann an diesem Schreibtisch und in dieser Büronische nicht arbeiten. Das macht mir den ganzen Spaß an der Arbeit kaputt. Ich brauche meine Couch zum Nachdenken.« Nat lachte. »Im Grunde genommen teilte er mir mit: ‚Ohne meine Couch kann ich nicht rechnen.' Der Analyst erklärte Nat, er habe eine Couch in seiner Wohnung, um die herum er seine Computer gruppiert habe. Anscheinend besaß er die besagte Couch schon seit einigen Jahren und hatte darauf die Arbeit für sein Zwischendiplom geschrieben, für die Prüfungen am College und an der Uni gelernt und seine Doktorarbeit geschrieben. Er hatte ein besonders enges Verhältnis zu dieser Couch als Arbeitsmöbel.

Unabhängig davon, ob es sich bei dem Wunsch um eine kleine Marotte oder eine zwanghafte Anomalie handelte, dachte Nat über das eher ungewöhnliche Anliegen seines neuen Mitarbeiters nach. »Zunächst sagte ich nein«, erklärte Nat. »Wo hätten wir die Couch hinstellen sollen? Aber der Analyst hatte den Platz bereits vermessen und zeigte mir, dass sie genau in seine Büronische passen würde. Wir mussten seinen Stuhl herausnehmen und den Schreibtisch durch einen normalen Tisch ersetzen. Wir ließen die Couch mithilfe von Spürhunden auf Rückstände von Sprengstoff testen. Wir organisierten sogar die Spedition. Wir ließen diesen Analysten seinen Arbeitsplatz nach seinen persönlichen Vorstellungen einrichten, einschließlich seines MP3-Players, seiner beiden Computer und seines Bücherregals mit Schnellheftern und Büchern. Von dem Moment an war er der glücklichste Mitarbeiter, den ich kenne. Soweit ich weiß, ist er immer da ... Ich glaube, er schläft sogar auf der Couch. Er geht nie nach Hause.«

Machen Sie es sich zur Aufgabe, mit Ihren besten Mitarbeitern zu sprechen, um herauszufinden, welche Wünsche und Bedürfnisse sie wirklich haben – ob es sich dabei um eine Sondervereinbarung oder eine kleine Annehmlichkeit handelt. Wenn Sie ein einzigartiges Bedürfnis oder einen speziellen Wunsch erfüllen können, tun Sie etwas von besonderem Wert für diesen Mitarbeiter. Wenn Sie bei einem bestimmten Mitarbeiter einen besonderen Hebel brauchen, wenn Sie von ihm eine besondere Anstrengung erwarten, dann nutzen Sie die »Nadel im Heuhaufen« als Anreiz.

Wie gelingt es Ihnen, diese Nadeln als besonders attraktiven Leistungsanreiz zu verwenden? Schöpfen Sie ihre vollen Möglichkeiten aus.

- »Sie wollen donnerstags nicht arbeiten? Ich bin froh, dass Sie mir das sagen. Und hier die Dinge, die ich bis Mittwoch um Mitternacht von Ihnen brauche.«

- »Sie wollen ein eigenes Büro? Hier die Dinge, die ich im Gegenzug von Ihnen erwarte.«

- »Sie wollen Ihren Hund mit zur Arbeit bringen? Großartig. Hier die Dinge, die ich im Gegenzug von Ihnen erwarte.«

- »Sie wollen mit dem Vorstandsvorsitzenden Mittag essen gehen? Hier die Dinge, die ich im Gegenzug von Ihnen erwarte.«

Erweitern Sie Ihr Repertoire an Belohnungen und nutzen Sie jede Ihnen zur Verfügung stehende Ressource, um die Leistungen Ihrer Mitarbeiter anzukurbeln.

Natürlich sind einige Belohnungen nicht verfügbar. So sehr Ihnen auch daran gelegen ist, mit einem Mitarbeiter eine individuelle Vereinbarung zu treffen – manchmal müssen Sie einfach sagen: »Das geht leider nicht. Diese Belohnung steht nicht zur Verfügung. Vielleicht kann ich für Sie aber XY erreichen.« Das ist nicht ideal, aber es ist besser, als zu sagen: »Ich kann gar nichts für Sie tun.« Wir wissen aus Erfahrung, dass Manager oft mehr tun können, als sie selbst meinen, wenn sie ihre Kreativität und Energie nutzen. Wenn Sie bereit sind, sich einzusetzen und sich wirklich anzustrengen, um zu bekommen, was Sie brauchen, dann werden Sie feststellen, dass Sie die nötigen Ressourcen oft beschaffen können und in der Lage sind, individuelle Vereinbarungen mit Ihren Mitarbeitern zu treffen, die Sie nie für möglich gehalten hätten. Nutzen Sie diese Vereinbarungen, um eine höhere Leistung aus Ihren Mitarbeitern herauszuholen.

Nutzen Sie Ihre Handlungsspielräume klug

Die Begleiterscheinung einer individuellen Vereinbarung mit besonders leistungsstarken Mitarbeitern ist der Fall, in dem ein Mitarbeiter sich seine eigenen Wünsche erfüllt, ohne dass Sie diese vorher genehmigt haben. Oft erzählen mir Manager: »Ich habe einen Mitarbeiter, der wirklich hervorragende Arbeit leistet und sehr wertvoll ist. Aber ... er kommt jeden Tag 15 Minuten zu spät«, oder »seine Kleidung ist nicht angemessen«, oder »er führt eine Menge privater Telefonate« etc. Solche Manager sagen oft: »Ich habe bisher immer ein Auge zugedrückt, weil dieser Mitarbeiter andererseits wirklich wertvoll ist.«

Wenn ein Manager einem ansonsten sehr leistungsstarken Mitarbeiter kleinere Eigenmächtigkeiten durchgehen lässt, trifft er bereits eine individuelle Vereinbarung – indem er ihm eine inoffizielle Belohnung gewährt –, ohne dass ihm das bewusst wird. Wenn das auf Sie zutrifft, dann überlegen Sie sich zuerst, ob Sie ein Auge zugedrückt haben, weil der betreffende Mitarbeiter diese informelle Belohnung offensichtlich zu schätzen weiß. Sie könnten Ihren Handlungsspielraum nutzen und ihm seine Eigenmächtigkeit weiterhin gestatten, aber Sie müssen ihn explizit darauf ansprechen und, falls angezeigt, eine formale Vereinbarung daraus machen. Setzen Sie sich mit ihm zusammen und sagen Sie: »Dass Sie XY machen, ist eigentlich ein Problem. Und es hat mich gestört. Ich habe ein Auge zugedrückt, weil Sie ansonsten ein ganz hervorragender Mitarbeiter sind. Aber wie wichtig ist Ihnen das? Ich möchte mit Ihnen darüber sprechen, weil Sie wissen sollen, dass ich Sie gewähren lasse, weil ich darin eine Sonderbelohnung sehe.« Erklären Sie ihm, dass es andere Belohnungen gibt, die er sich verdienen kann, anstatt dieses Entgegenkommens, oder dass Sie ihm eine individuelle Regelung zugestehen, weil es so wenig andere formale Belohnungen gibt, die Sie ihm bieten können. Worum es sich bei der eigenmächtigen Regelung auch handelt, gehen Sie nicht einfach darüber hinweg, sondern machen Sie unmissverständlich deutlich, dass Sie ihm diese Sonderregelung ganz bewusst als Belohnung für seine besondere Leistung gewähren.

Außerdem ist ganz entscheidend, dass Ihre Mitarbeiter wissen, dass individuelle Vereinbarungen keine Selbstverständlichkeit sind, sondern immer von Ihrem Ermessen abhängen. »Ich habe gelernt, keine langfristigen Versprechungen zu machen«, sagte Winny, die Managerin einer großen Nonprofit-Organisation mit äußerst knappen finanziellen Ressourcen. »Die Dinge ändern sich ständig. Womöglich stellen Sie fest, dass jemand nicht ganz der Mitarbeiter ist, den Sie sich erhofft oder für den Sie ihn gehalten haben ... Wenn Sie einem Mitarbeiter einmal eine Gehaltserhöhung, eine Beförderung, wunschgemäße Arbeitszeiten oder ein eigenes Büro gewähren, ist es schwer, das wieder zurückzunehmen«, sagte Winny. »Wenn Sie einmal eine Sondervereinbarung mit einem Mitarbeiter getroffen haben, dann geraten Sie womöglich in eine Situation, in der Sie diese Zugeständnisse wieder zurücknehmen müssen, und das kann sehr unangenehm werden. Ich halte mich daher an einmalige Belohnungen – viele einmalige Belohnungen.«

»Als ich die Leitung dieser Niederlassung übernahm«, fuhr Winny fort, »hatte jeder Mitarbeiter eine Sondervereinbarung. Ich meine wirklich: jeder – einschließlich derjenigen, die keinen Finger krumm gemacht haben. Einer meiner fest angestellten Mitarbeiter sagte über eine Kollegin: ‚Sie gehört nicht auf die Gehaltsliste, sie macht den ganzen Tag überhaupt nichts.'« Und dennoch stand sie auf der Gehaltsliste, hatte wie alle anderen Zugang zu den kostenlosen Donuts und dem Kaffee, der jeden Morgen für die Mitarbeiter gebracht wurde und zum Mittagessen an den Freitagen. Sie wurde wie alle anderen zum monatlichen Pizzaabend für alle Mitarbeiter und zur jährlichen Urlaubsparty eingeladen. Darüber hinaus erhielt sie einen Geschenkgutschein in Höhe von 200 Dollar als Urlaubsbonus – ebenfalls wie alle anderen. Alle diese Vergünstigungen wurden aus dem Topf für Mitarbeiterbelohnungen bezahlt, der dem Niederlassungsleiter zur Verfügung stand.

»In diesem Topf war nicht viel drin«, erklärte Winny. »Insgesamt waren es 5.000 Dollar. Als bekannt gegeben wurde, dass jede Niederlassung Zugriff auf diesen Fonds hat, hielt mein Vorgänger mit allen Mitarbeitern eine Besprechung ab und fragte das Team, wie das Geld ihrer Meinung nach verwendet werden sollte.« Einige hatten vorgeschlagen, das Geld gleichmäßig unter allen Mitarbeitern aufzuteilen. Das wollte der Manager aber nicht, weil er anscheinend keine Boni an Mitarbeiter zahlen wollte, die keine Sonderzuwendungen verdient hatten. Also schlug er vor, das Geld zu verteilen, aber auch in teambildende Aktivitäten wie gemeinsame Mittagessen, Partys und kostenlose Donuts und Kaffee für alle zu investieren. »Das Erste, was ich nach Übernahme der Niederlassung tat, war es, dieses System zu verändern. Ich versuchte herauszufinden, wie ich das Geld auf faire Art und Weise verteilen und gleichzeitig etwas damit erreichen konnte. Am Ende verwendete ich das Geld fast ausschließlich für einmalige Boni. Hundert Dollar pro Belohnung. Die Mitarbeiter wollten in den Genuss dieser Sonderzahlung kommen. Sie fragten mich: ‚Was muss ich tun, um einen Bonus zu bekommen?' Und ich sagte: ‚Komisch, dass Sie fragen ...'«.

(Fast) Alles ist verhandelbar

Arbeitsbeziehungen sind von Natur aus transaktionsbestimmt. Wenn Sie wollen, dass eine Aufgabe schnell und gut und zu günstigen Bedingungen erledigt wird, müssen Sie sehr gut in der Verhandlung aller Bedingungen sein – Arbeitszeiten, Einsatzort, Ressourcen und Vergütung. Wird die Frist am 1. oder am 15. März enden? Wird es einen Bonus für eine vorzeitige Erledigung der Arbeit oder für besonders hohe Qualität geben? Wird es Sanktionen für eine verspätete Erledigung oder die Nichterfüllung der Erwartungen geben? Bei einer idealen Vereinbarung sind die erwarteten Leistungen eindeutig definiert, und sie enthält eine konkrete Fristsetzung, sowie spezifische Meilensteine, die unterwegs erreicht werden müssen. Jeder Cent der Vergütung, monetär oder nicht monetär, ist entweder an einen spezifischen Meilenstein im Rahmen des Projekts oder an den pünktlichen Projektabschluss zum vereinbarten Termin geknüpft. Im Idealfall wird ein Mitarbeiter nicht bezahlt, wenn er an irgendeinem Punkt nicht das liefert, was von ihm erwartet wurde.

Heißt das, dass alles verhandelbar ist? Selbstverständlich nicht. Wenn Sie wirklich gut im Verhandeln mit Ihren Mitarbeitern werden wollen, dann sollten Sie sich zuallererst darüber Gedanken machen, welche Dinge *nicht* verhandelbar sind. Welches sind die grundlegenden Anforderungen an die Tätigkeit, die wesentlichen Leistungsstandards und das einwandfreie Verhalten? Welches sind die Grundlagen, für die Mitarbeiter nichts weiter als eine gerechte Behandlung und ein angemessenes Gehalt erwarten sollten? Das sind die nicht verhandelbaren Dinge. Das müssen Sie Ihren Mitarbeitern sehr deutlich klar machen und sie regelmäßig daran erinnern: »Also, hier ist die Vereinbarung. Sie werden dafür bezahlt, pünktlich am Arbeitsplatz zu erscheinen, nicht früher zu gehen und während der gesamten Arbeitszeit sehr viel und sehr gute Arbeit zu leisten, ohne Probleme zu verursachen. Dann behalten Sie Ihren Job hier!« Das sind die Grundlagen des Arbeitsvertrags. Ihre Mitarbeiter sollten begreifen, dass die einwandfreie, schnelle Erledigung eines hohen Arbeitspensums während der gesamten Arbeitszeit das ist, wofür sie eingestellt wurden. Dafür erhalten sie einen Grundlohn oder ein Grundgehalt. Dafür erhalten sie die grundlegenden Sozialleistungen. Dafür werden sie alle zur Pizzaparty eingeladen.

Wenn Sie einmal festlegen, welche Dinge *nicht* verhandelbar sind, müssen Sie die Tatsache akzeptieren und begrüßen, dass alles – und ich meine wirklich alles – andere verhandelbar ist. Seien Sie nicht beunruhigt. Verhandeln Ihre Mitarbeiter nicht die ganze Zeit mit Ihnen über alles Mögliche? Kontrollieren und steuern Sie die laufende Verhandlung. Verhandeln Sie auf Schritt und Tritt und werden Sie richtig gut im Verhandeln. Das bedeutet, dass Sie ständig die Fragen beantworten müssen, die jeden Mitarbeiter beschäftigen: »Wie sehen die Bedingungen hier aus? Was erwarten Sie von mir? Und was bekomme ich für meine harte Arbeit ... heute, morgen und nächste Woche?« Mitarbeiter sollten wissen, dass sie sich jede Belohnung, die über die grundlegenden Konditionen der Anstellung hinausgeht, durch harte Arbeit verdienen müssen.

Verstehen, akzeptieren und begrüßen Sie die Tatsache, dass Mitarbeitermanagement tägliche Verhandlungsarbeit geworden ist. Verabschieden Sie sich von der Vorstellung einer hierarchischen Führung »von oben« und fühlen Sie sich nicht auf den Schlips getreten. Es ist ein Job! Arbeitsbeziehungen sind transaktionsbestimmt. Sie sind der Chef. Sie wollen, dass jeder Mitarbeiter schneller, besser und mehr arbeitet. Währenddessen arbeiten Ihre Mitarbeiter, um ihren Lebensunterhalt zu verdienen – und sie wollen im Gegenzug für ihre harte Arbeit mehr Belohnungen haben. Und wer ist ihrer Meinung nach dafür zuständig? Sie, der Chef. Ihre Mitarbeiter sollten das Vertrauen und die Zuversicht haben, dass Sie Ihr Bestes tun werden, um ihnen dabei zu helfen, sich diese Belohnungen zu verdienen. Der einzige Weg, wie Sie diesem Vertrauen gerecht werden, besteht darin, dass Sie für einige Mitarbeiter mehr und für andere weniger tun.

Kapitel 10: Beginnen Sie hier und jetzt

Sie haben soeben das Buch *Einer muss der Chef sein* zu Ende gelesen ... Nun, Sie haben es fast zu Ende gelesen. Aber Sie haben bereits beschlossen, ein besserer Vorgesetzter zu werden. Sie sind bereit – um nicht zu sagen eifrig bestrebt – Ihre Mitarbeiter aktiv zu managen. Sie beginnen, Einzelgespräche mit Ihren Mitarbeitern zu führen, so wie es dieses Buch empfiehlt. Tatsächlich werden Sie sich heute Morgen mit jedem Mitarbeiter zusammensetzen. Sie haben sich Ihr Notizbuch unter den Arm geklemmt und sind bereit, sich Notizen zu machen. Natürlich haben Sie Ihre Mitarbeiter bisher nicht besonders aktiv gemanagt, also sind Ihre Mitarbeiter von Ihrer neuen Vorgehensweise ein wenig überrascht. Sie murmeln sich gegenseitig zu: »Was ist denn jetzt los?« Aber ein schlauer Mitarbeiter tönt: »Habt ihr's bemerkt? Er läuft schon die ganze Woche mit dem Buch *Einer muss der Chef sein* herum. Offenbar will er eine neue Managementmode ausprobieren. Macht euch keine Sorgen. Das geht wieder vorbei.« Die anderen Mitarbeiter beginnen zu lächeln und erleichtert zu nicken und wiederholen (mit einem kleinen Anflug von Enttäuschung): »Richtig. Das geht wieder vorbei. Ignorieren wir's einfach.«

Wird es vorbeigehen oder nicht? Das liegt allein an Ihnen.

Vielleicht sind Sie beflügelt, ein besserer Vorgesetzter zu werden. Sie nehmen tatsächlich Veränderungen vor, Sie managen Ihre Mitarbeiter eine Weile aktiver als bisher, aber dann setzt sich die Realität durch. Sie sind unglaublich beschäftigt und erkennen, dass eine straffere Mitarbeiterführung zeitaufwendig ist, vor allem zu Anfang. Vielleicht werden sich einige Mitarbeiter wehren und sich beschweren, Sie würden Mikromanagement betreiben, ständig an ihnen herumkritisieren oder bestimmte Mitarbeiter vorziehen. Es liegt viel

Spannung in der Luft, also bekommen Sie Druck von Ihrem Chef, der nicht glücklich darüber ist, dass Sie »alles aufgemischt« haben, wie er es nennt. »Sie können nicht einfach eines Tages hereinkommen und sagen. ‚Jetzt wird alles anders. Kumpel war gestern – heute ist Boss.'« Jeder denkt, dass Sie zu harsch sind, und es ist klar, dass Ihr neuer Ansatz nicht funktionieren wird. Sie beginnen sich zu fragen, ob Sie vielleicht einfach nicht gut im Mitarbeitermanagement sind. Schließlich sind Sie nie eine geborene Führungspersönlichkeit gewesen. Also ertappen Sie sich dabei, dass Sie schnell und stetig von Ihrem neuen Managementansatz abrücken, bis Sie wieder beim Status quo ante angelangt sind.

»Puh! Bin ich froh, dass das vorbei ist«, werden Sie sich vielleicht denken, wenn Sie zu Ihrer vertrauten Routine der passiven Mitarbeiterführung zurückgekehrt sind, die zwar zahlreiche und schwer wiegende Probleme mit sich bringt, die Sie aber wenigstens nicht vorhersehen. Dann werden Sie von Schwierigkeiten überrascht, rennen herum, um sie zu lösen und agieren wie der böse Boss. Es sind immense, unangenehme Scherereien, aber wenn alles vorbei ist, kann zumindest jeder wieder so tun, alles gehe ihn alles nichts an – bis sich die nächste Krise ereignet. In der Zwischenzeit können Sie und alle anderen gern wieder zur vorgetäuschten Kumpelei übergehen.

Diese Entscheidung ist zu wichtig, um sie zu überstürzen

Im Verlauf dieses Buches habe ich mich intensiv bemüht, Sie davon zu überzeugen, ein besserer Vorgesetzter zu werden. Das ist meine Mission: Manager wie Sie davon zu überzeugen, sich der Aufgabe zu widmen, stark, diszipliniert und strikt auf die Arbeit fokussiert zu sein. Ich möchte, dass Sie damit beginnen, Ihre Mitarbeiter zur Rechenschaft zu ziehen und jedem von ihnen dabei zu helfen, sich noch mehr anzustrengen, um all das zu bekommen, was er täglich braucht. Ich möchte, dass Sie Ihre Mitarbeiter aktiv managen. Aber zuerst müssen Sie einen Riesenschritt machen.

Die heutige Arbeitswelt ist von einem sehr hohen Druck gekennzeichnet und die heutigen Mitarbeiter sind äußerst pflegeintensiv – Mitarbeitermanagement wird immer anstrengender. Denken Sie scharf nach: Sind Sie vorbereitet, bereit und in der Lage, die Zeit, die Energie, die Anstrengungen und die Beständigkeit aufzubringen, die für eine Veränderung notwendig sind? Sind Sie darauf vorbereitet, ein großartiger Vorgesetzter zu werden? Ihre Rolle im Arbeitsleben wird sich dabei verändern. Ihre Arbeitsbeziehungen werden sich verändern. Ihre Arbeitserfahrungen werden sich verändern. Sie werden zu einem Chef werden, der sich nur auf die Arbeit konzentriert, der seine Mitarbeiter täglich auf Erfolgskurs bringt und jedem Einzelnen dabei hilft, zu bekommen, was er braucht. Genauso werden Sie von nun an sein.

Berücksichtigen Sie die Kultur Ihres Unternehmens

Bevor Sie umfassende Veränderungen an Ihrem Managementansatz vornehmen, betrachten Sie die Kultur Ihres Unternehmens. Unterstützt Sie ein aktives Mitarbeitermanagement? Oder sind alle anderen um Sie herum auch eher passiv? Was wird es im Kontext dieser Unternehmenskultur für Sie bedeuten, ein starker, sehr engagierter, transaktions- und Coaching-orientierter Chef zu werden? Werden Sie genau zu dieser Kultur passen, oder werden Sie eher ein Einzelkämpfer sein?

Manchmal erzählen mir Manager: »Unsere Organisation ist sehr konservativ. Wir glauben nicht an Konfrontationen. Wir wollen nicht für Unruhe sorgen ... Die Kultur fördert also ein sehr passives Management.« Genauso oft erzählen mir andere Manager: »Unsere Organisation ist sehr progressiv. Wir lassen unsere Mitarbeiter ihre eigenen Methoden bestimmen. Wir wollen sie nicht herumkommandieren ... Die Kultur fördert also ein passives Management.«

Manchmal sagen Manager auch: »Unsere Organisation ist sehr groß und es gibt viel Bürokratie und viele Formalitäten ... Die Kultur fördert also eher ein passives Management.« Wieder andere Manager sagen: »Unsere Organisation ist klein und die Dynamik ist eher die eines Familienunternehmens ... Die Kultur fördert also eher ein passives Management.«

Oder: »Unsere Arbeit ist sehr technisch ... also lassen wir die Leute einfach machen.« Oder: »Unsere Arbeit ist sehr kreativ ... also lassen wir unsere Mitarbeiter einfach machen.«

Oder: »Unsere Mitarbeiter sind schon wesentlich älter ... also lassen wir sie in Ruhe.« Oder: »Unsere Mitarbeiter sind überwiegend sehr jung ... also kommandieren wir sie nicht herum.«

Oder: »Unsere Mitarbeiter verrichten sehr einfache, unqualifizierte Tätigkeiten ... wir betreiben daher kein aktives Management.« Oder: »Unsere Mitarbeiter sind allesamt hoch qualifizierte Experten ... wir lassen sie also in Ruhe.«

Ich denke, Sie verstehen die Botschaft. Denken Sie darüber nach. Unternehmenskultur ist ein Netz aus gemeinsamer Sinngebung und gemeinsamen sozialen Verhaltensweisen, die sich zwischen den Menschen in einer Organisation entwickeln. Erinnern Sie sich? Die Epidemie des mangelnden Mitarbeitermanagements grassiert in der gesamten Arbeitswelt, auf allen Ebenen und in Organisationen aller Größen und Formen. Deswegen unterstützen die meisten Unternehmen natürlich einen passiven Status quo, in dem sich starke Manager oft fehl am Platze fühlen. Was können Sie dagegen tun?

Verhalten Sie sich anders.

Und machen Sie kein Geheimnis daraus. Lassen Sie es alle wissen. Heben Sie sich von den anderen ab und seien Sie ein Manager, der seine Arbeit ernst nimmt und sich auf dem Gebiet der Mitarbeiterführung besonders anstrengt. Wenn diese Stärke Sie zu einem Einzelkämpfer in Ihrer Organisation macht, dann seien Sie eben ein Einzelkämpfer. Auch wenn das unbequem ist – machen Sie es trotzdem. Seien Sie der Manager, der sich nicht davor scheut, der Chef zu sein. Seien Sie der Manager, der stark ist. Managen Sie aktiv.

Ich erinnere mich an meine achte Schulklasse, ein Jahr, in dem ich mich ziemlich aufsässig gebärdete. Einer meiner Lehrer war wirklich ein harter Knochen. Mr. Benson, mein Englischlehrer, war eine Art Einzelkämpfer im Lehrerkollegium. Er verlangte viel und war sehr streng. Ständig mussten wir unangekündigte Tests und ein Buchreferat nach dem anderen schreiben. Ich erinnere mich, dass ich mich in jenem Jahr bei ihm mehr anstrengte und mehr lernte, als in jedem anderen Kurs. Einmal zerriss Mr. Benson mein Referat über *Johnny Tremain*, weil ich vergessen hatte, i-Punkte zu setzen. Was für eine schöne Metapher für Qualitätskontrolle. Seitdem und bis heute setze ich über das »i« immer einen Stern – jeder, der meine Handschrift gesehen hat, kann das bestätigen.

Ich kann mich an keinen andere Lehrer der achten Schulklasse erinnern, aber Mr. Benson vergesse ich nicht.

Seien Sie die Person, die man nicht vergisst.

Vielleicht stellen Sie sogar fest, dass die Kultur Ihres Unternehmens doch gutes Management unterstützt. Womöglich gibt es mehr aktive Manager in Ihrer Umgebung, als Sie ahnen, weil diese ihre Methoden im Stillen umsetzen. Oder Sie stellen fest, dass Ihr Beispiel anderen als Inspiration dient.

Die Entscheidung, ein starker, aktiver Manager zu werden, ist ein großer Schritt. Wenn Sie glauben, dass Sie dazu bereit sind, dann verpflichten Sie sich dazu, dauerhafte Veränderungen herbeizuführen und rufen Sie sich Ihre Entscheidung immer wieder in Erinnerung. Sie werden überrascht sein, wie sehr das hilft.

Bereiten Sie sich vor

Bereiten Sie sich auf die Veränderung Ihres Managementansatzes vor, bevor Sie ihn publik machen.

▸ Reservieren Sie sich eine Stunde pro Tag für das Mitarbeitermanagement.

▸ Üben Sie zu sprechen wie ein Performance-Coach.

➤ Erstellen Sie eine Management-Landkarte.
➤ Erstellen Sie einen vorläufigen Zeitplan.
➤ Richten Sie ein System zur Leistungsverfolgung ein.

Reservieren Sie sich eine Stunde pro Tag für das Mitarbeitermanagement

Als Erstes sollten Sie es sich zur Gewohnheit machen, täglich zu managen. Dabei müssen Sie noch gar nicht mit dem eigentlichen Mitarbeitermanagement beginnen. Finden Sie heraus, zu welcher Uhrzeit Sie am besten diese eine Stunde einrichten können, und reservieren Sie sie über einen Zeitraum von zwei Wochen hinweg täglich, bevor Sie beginnen, Ihre Mitarbeiter in Einzelgesprächen zu managen. Nutzen Sie diese eine Stunde pro Tag während der zwei Wochen, um sich vorzubereiten.

Beginnen Sie damit, Informationen zu sammeln und sich informell auf Ihre Mitarbeiter und deren Arbeit einzustellen. Hören Sie auf, mit Ihren Mitarbeitern über Gott und die Welt zu sprechen und beschränken Sie sich auf Gespräche, die sich auf die Arbeit beziehen. Stellen Sie mehr Fragen: »Wie lauten Ihre Prioritäten für heute? Was werden Sie heute in Bezug auf Plan X unternehmen? Welche Schritte unternehmen Sie normalerweise, um Aufgabe Y zu erledigen? Wie lange glauben Sie, werden Sie dafür brauchen?« Am Ende des Tages fragen Sie Ihre Mitarbeiter: »Worauf haben Sie sich heute konzentriert? Wie weit sind Sie mit Aufgabe Y gekommen?«

Wenn Sie beginnen, sich auf informelle Art und Weise auf Ihre Mitarbeiter und deren Arbeit zu konzentrieren, müssen Sie gar nicht viel sagen. Hören Sie einfach zu, und Sie werden einige Überraschungen erleben. Einige Mitarbeiter werden es als Affront empfinden, dass Sie überhaupt fragen. Das ist ein Zeichen dafür, dass Sie bisher zu passiv gewesen sind. Einige Mitarbeiter geben nur vage Antworten. Andere werden Ihnen mehr sagen, als Sie erwartet hätten. Sie werden allmählich einen Überblick darüber gewinnen, wer was warum wo wann und wie macht. Hören Sie einfach zu und machen Sie sich Notizen. Denken Sie daran, dass Sie in dieser Phase nur Informationen sammeln.

Üben Sie zu sprechen wie ein Performance-Coach

Üben Sie zu sprechen wie ein Performance-Coach, während Sie mit Ihren Mitarbeitern immer häufiger und immer eingehender über deren Arbeit sprechen.

▸ Stellen Sie sich individuell auf den Mitarbeiter ein, den Sie coachen.

▸ Konzentrieren Sie sich auf spezifische Beispiele seiner individuellen Leistung.

▸ Beschreiben Sie die Leistung des betreffenden Mitarbeiters ehrlich und anschaulich.

▸ Konzentrieren Sie sich auf konkrete nächste Schritte und beschreiben Sie diese mit anschaulichen Worten.

Natürlich wird es eine Weile dauern, bis Sie den Sprachstil eines Performance-Coaches wirklich beherrschen. Aber Sie können diesen Kommunikationsstil durchaus schon während Ihrer täglichen Managementstunde üben.

Erstellen Sie Ihre erste Management-Landkarte

Erinnern Sie sich an das Instrument der Management-Landkarte, die ich in Kapitel 4 beschrieben habe? Dabei handelt es sich um ein Instrument, das Ihnen dabei hilft, sich auf jeden einzelnen Mitarbeiter einzustellen, damit Sie Ihren Managementansatz individuell anpassen können. Erstellen Sie eine Management-Landkarte, bevor Sie regelmäßige Einzelgespräche mit Ihren Mitarbeitern führen. Unterteilen Sie ein Blatt Papier in sechs Spalten, über die Sie jeweils die

Überschriften Wer? Warum? Was? Wie? Wo? Wann? setzen. Und dann füllen Sie jede Spalte unter sorgfältiger Betrachtung der jeweiligen Frage aus.

Wer ist dieser Mitarbeiter am Arbeitsplatz? Welche Kenntnisse habe ich über ihn, die für die Arbeit relevant sind? Woher kommt er und wohin steuert er?

Warum muss ich diesen Mitarbeiter managen? Was braucht er von mir, um seine Arbeit erfolgreich ausführen zu können? Was ist diesem Mitarbeiter wichtig? Was brauche ich von ihm? Was ist mir im Zusammenhang mit seiner Person in dieser Tätigkeit wichtig?

Was soll ich mit diesem Mitarbeiter besprechen? Soll ich mich auf die übergeordneten Ziele konzentrieren oder eher auf kleine Ziele? Grobe oder detaillierte Richtlinien? Erinnerungen an grundlegende Standardverfahren oder Ideen für Innovationen?

Wie soll ich mit diesem Mitarbeiter sprechen? Sollen wir in unserem Gespräch über die Arbeit Schritt für Schritt vorgehen? Oder können wir seine Tätigkeit als Ganzes besprechen? Soll ich Anweisungen erteilen? Oder Fragen stellen? Soll ich distanziert oder herzlich sein?

Wo soll das Gespräch stattfinden? Wie führen wir unsere Gespräche am effektivsten per Telefon oder E-Mail, wenn der Mitarbeiter an einem anderen Standort arbeitet?

Wann soll das Gespräch stattfinden? Soll ich mehrmals am Tag mit dem Mitarbeiter sprechen und seine Arbeit überprüfen, oder reicht ein Mal pro Woche? Wann ist der beste Zeitpunkt für ein Gespräch?

Denken Sie daran, dass Sie in dieser Phase zum Teil immer noch auf Vermutungen angewiesen sind. Ihre erste Management-Landkarte ist nur ein Ausgangspunkt. Sie müssen irgendwo anfangen. Mit der Zeit, wenn Sie Ihre Mitarbeiter straffer führen, werden Sie ein besseres Gefühl für sie und ihre Arbeit entwickeln. Und da sich Umstände und Menschen verändern, rechnen Sie damit, dass Sie Ihre Fragen und Antworten wiederholt neu stellen und neu beantworten müssen. Wenn Sie viele Mitarbeiter managen müssen, wird dieser Prozess ziemlich zeitaufwendig sein. Doch egal für wie viele Mitarbeiter Sie verantwortlich sind: An dem Punkt werden Sie beginnen, die Herausforderung, die vor Ihnen liegt, richtig einzuschätzen zu können – nämlich sich auf jeden einzelnen Mitarbeiter einzustellen und Ihren Managementansatz individuell anzupassen.

Überprüfen Sie Ihre Management-Landkarte oft. Sie wird ein wichtiges Instrument für Ihre weitere Managementkarriere sein.

Erstellen Sie einen vorläufigen Zeitplan

Auf Basis Ihrer Management-Landkarte sollten Sie in der Lage sein, einen vorläufigen Zeitplan für Ihre Einzelgespräche zu erstellen.

Beginnen Sie mit der Überlegung, wann Sie sich mit jedem Mitarbeiter zusammensetzen wollen, und wie lange das jeweilige Gespräch dauern soll. Wenn Sie bisher jeden Tag eine Stunde eingeplant haben, um die Veränderung Ihres Managementansatzes vorzubereiten, dann sind Sie auf einem guten Weg, diese »Managementstunde« zu einer Gewohnheit zu machen. Nun müssen Sie entscheiden, wie Sie die Zeit auf Ihre Mitarbeiter verteilen. Für die Auftaktgespräche müssen Sie vielleicht etwas mehr als eine Stunde pro Tag einplanen – vielleicht eineinhalb Stunden – bis Sie Ihre Einzelgespräche in kurze Routinegespräche verwandeln können. Planen Sie zunächst zwei bis drei Einzelgespräche pro Tag. Können Sie innerhalb einer Woche mit jedem Mitarbeiter sprechen? Ist das ein machbares zeitliches Engagement? Wenn ja, dann erstellen Sie einen vorläufigen Zeitplan.

Dieser wird mit der Entwicklung Ihres strafferen Managements allmählich immer deutlichere Formen annehmen. Danach werden Sie wahrscheinlich mit jedem Mitarbeiter laufend die Zeiten für die Gespräche aushandeln. Maßgeblich ist, dass Sie mit jedem Mitarbeiter mindestens ein Mal pro Woche sprechen, wenn irgend möglich. Noch entscheidender ist, dass diese Gespräche die höchste Priorität genießen. Wenn Sie Ihre Einzelgespräche einmal zeitlich festgelegt haben, sind sie unantastbar.

Aber Sie sind noch nicht ganz so weit, um mit den Einzelgesprächen anzufangen. Legen Sie den Zeitplan noch einmal kurz zur Seite ...

Richten Sie ein System zur Leistungsverfolgung ein

Bevor Sie mit den Gesprächen beginnen, brauchen Sie ein praktikables System, mit dem Sie die Leistung Ihrer Mitarbeiter verfolgen können. Das muss nicht das ausgefeilteste System der Welt sein. Sie können es im Lauf der Zeit überprüfen und korrigieren, bis es erstklassig ist. Aber am Tag eins müssen Sie über ein funktionierendes System verfügen. Wie werden Sie die Leistung jedes einzelnen Mitarbeiters überwachen, messen und dokumentieren? Welche Art Ansatz scheint für jeden Mitarbeiter angemessen? Werden Sie für jeden Mitarbeiter ein separates System zur Leistungsverfolgung benötigen oder wird ein System allen gerecht? Werden Sie es handschriftlich führen oder per EDV? Werden Sie sich Aufzeichnungen in einem Notizbuch machen, das Sie immer in der Hosentasche haben, oder ständig einen dicken Aktenordner unter dem Arm tragen? Welches Format werden Sie verwenden?

Das Wichtigste ist, ein System zu entwickeln, das Sie auch tatsächlich verwenden werden, ein System, das sich für Sie bewährt und an das Sie sich halten werden. Je früher Sie das herausfinden, desto besser.

Machen Sie Ihren neuen Ansatz publik

Nun, da Sie sich mental vorbereitet, einen Zeitplan erstellt und ein System zur Leistungsverfolgung entwickelt haben, können Sie Ihren neuen Managementansatz publik machen und die anstehenden Veränderungen mit den Schlüsselmitarbeitern diskutieren, die für Sie am wichtigsten sind.

Sie wollen natürlich den Eindruck vermeiden, als hätten Sie bisher als Manager versagt. Vermitteln Sie stattdessen eine einfache Botschaft: »Ich werde ein besserer Manager sein, und das bedeutet Folgendes.« Bevor Sie allen Mitarbeitern Ihre Absichten mitteilen, müssen Sie mit einigen Schlüsselmitarbeitern sprechen. Denken Sie bei Ihren ersten Gesprächen daran, dass Sie eine gute Nachricht zu verkünden haben. Sie verkünden nicht, dass Sie sich von nun an wie ein Scheusal aufführen werden. Sie verkünden, dass Sie auf dem Weg sind, ein großartiger Chef zu werden. Sie werden mehr Zeit damit verbringen, Ihre Mitarbeiter auf Erfolgskurs zu bringen. Sie werden mehr Anleitung, Führung und Unterstützung bieten. Sie werden Ihren Mitarbeitern dabei helfen, besser, schneller und intelligenter zu arbeiten, sich mit weniger Problemen herumzuschlagen und sich mehr Belohnungen zu verdienen. Das sind gute Nachrichten! Sorgen Sie dafür, dass Sie das selbst so empfinden, denn das bestimmt den Ton Ihrer Auftaktgespräche.

Sprechen Sie zuerst mit Ihrem eigenen Vorgesetzten

Die meisten Vorgesetzten werden hoch erfreut sein zu hören, dass Sie sich intensiv anstrengen wollen, ein besserer Manager zu werden, und gerne bereit sein, Sie in Ihren Bemühungen zu unterstützen. Und falls Ihr Vorgesetzter sich als Hindernis entpuppen sollte, ist es besser, Sie finden das so früh wie möglich heraus.

Erstens: Teilen Sie ihm genau mit, was Sie erreichen wollen. Zweitens: Fragen Sie Ihren Vorgesetzten, ob Sie mit seiner Unterstützung rechnen können. Erklären Sie, dass Sie seine Hilfe und Anleitung brauchen. Drittens: Seien Sie aufrichtig und sprechen Sie über die Entwicklung von Standardverfahren, die Sie und Ihren Chef bei der Zusammenarbeit leiten sollen. Hat Ihr Chef andere Standards und stellt er andere Anforderungen an Ihre Mitarbeiter als Sie? Falls ja, entscheiden Sie gemeinsam mit Ihrem Chef, welchen Standards Ihre Mitarbeiter genügen sollen. Egal auf welche Standards Sie sich einigen, Sie und Ihr Chef sollten dieselben Standards vertreten.

Umgeht Ihr Vorgesetzter Sie, um direkt mit Ihren Mitarbeitern zu sprechen? Falls ja, entscheiden Sie gemeinsam, ob das weiterhin so geschehen soll. Verständigen Sie sich auf grundlegende Regeln darüber, wann, wo und wie Sie jeweils mit Ihren Mitarbeitern sprechen.

Einigen Sie sich auf die Themen, die Sie mit Ihren Mitarbeitern besprechen, und die Themen, die Ihr Chef mit ihnen bespricht. Wenn Sie planen, ähnliche Inhalte zu besprechen, dann verständigen Sie sich darauf, dass Sie regelmäßig Rücksprache halten, damit Sie beide dieselbe Botschaft an Ihre direkten Untergebenen kommunizieren.

Umgehen Ihre Mitarbeiter Sie und wenden sich direkt an Ihren Vorgesetzten, wenn sie eigentlich mit Ihnen sprechen sollten? Wenn ja, beschließen Sie mit Ihrem Vorgesetzten, wie Sie beide genau mit solchen Vorfällen umgehen wollen. In einigen Fällen, wenn Mitarbeiter versuchen, Sie zu umgehen, kann Ihr Chef den betreffenden Mitarbeiter in Ihr Büro begleiten, sodass Sie das Problem zu dritt besprechen können. Ihr Vorgesetzter kann Ihnen die Gesprächsführung überlassen und sich nur zu Ihrer Unterstützung einschalten.

Sie brauchen nicht die Genehmigung Ihres Vorgesetzten, um ein starker, aktiver Manager zu sein, zu sprechen wie ein Performance-Coach, um sich eine Stunde täglich dem Management zu widmen, Ihren Managementansatz an jeden Mitarbeiter individuell anzupassen, Ihren Mitarbeitern mitzuteilen, was sie zu tun haben und wie sie es zu tun haben, auf Schritt und Tritt deren Leistung zu überprüfen oder kleine Probleme zu erkennen und zu lösen, bevor sie sich zu großen Krisen auswachsen. Aber Sie können definitiv die Hilfe Ihres Vorgesetzten nutzen, wenn es darum geht, Ihre Mitarbeiter zur Rechenschaft zu ziehen, negative Konsequenzen gegen Leistungsverweigerer zu verhängen und leistungsstarken Mitarbeitern dabei zu helfen, in den Genuss besonderer Belohnungen zu kommen.

Wenn Ihr Vorgesetzter nicht an ein starkes, aktives Management glaubt, dann schenken Sie ihm ein Exemplar dieses Buches. Überreden Sie ihn zumindest dazu, Sie in Ihren Anstrengungen zu akzeptieren und zu unterstützen – wenigstens teilweise. Wenn Ihnen das nicht gelingen sollte, lächeln Sie und verfolgen Sie Ihren Ansatz trotzdem. Wenn Ihr Chef selbst so passiv ist, wie er es von Ihnen verlangt, wird er Sie schwerlich für sein schwaches Management zur Rechenschaft ziehen können. In der Zwischenzeit werden sich die Ergebnisse Ihres Teams wahrscheinlich verbessern, die widerspenstigen Leistungsverweigerer werden sich verdünnisieren, und der Rest Ihres Teams wird wesentlich glücklicher sein. Die Ergebnisse werden für sich selbst sprechen und Ihren Vorgesetzten vielleicht dazu veranlassen, seine Haltung noch einmal zu überdenken. Gleichzeitig können Sie Ihre Managementfertigkeiten verbessern und verfeinern und eine überzeugende Erfolgsbilanz aufstellen, falls Sie sich nach einem neuen Vorgesetzten umsehen müssen, der ein starkes, aktives Management schätzt und akzeptiert.

Nachdem Sie mit Ihrem Vorgesetzten gesprochen haben, denken Sie über andere Schlüsselpartner und Kollegen nach, die Sie über die kommenden Veränderungen in Kenntnis setzen müssen. Denken Sie darüber nach, welche Auswirkungen die Veränderungen auf die Menschen haben, mit denen Sie routinemäßig zu tun haben und die ihrerseits routinemäßig mit Ihren Mitarbeitern arbeiten. Führen Sie mit allen Schlüsselpersonen, die Sie vorbereiten oder auf den neuen Ansatz einschwören müssen, Einzelgespräche. Weihen Sie sie in Ihre Pläne ein, und bitten Sie sie um Unterstützung.

Nach all den vorbereitenden Gesprächen sollten Sie sich warmgelaufen haben. Mit etwas Glück sind Sie nach diesen Gesprächen sogar noch enthusiastischer.

Sprechen Sie mit Ihrem Team

Wenn Sie bereits regelmäßige Teammeetings abhalten, müssen Sie Ihrem Team irgendwann verkünden: »Ich werde von nun an ein besserer Manager sein, und das bedeutet Folgendes.« Und wenn Sie bisher keine regelmäßigen Teammeetings hatten? Sollen Sie Ihre Mitarbeiter nur deswegen zu einer Versammlung einberufen, weil Sie eine umfassende Veränderung Ihrer Managementpraktiken und Ihres Managementstils ankündigen wollen? Ist das wirklich so eine große Sache? Ich meine ja.

Berufen Sie eine Versammlung ein und verpflichten Sie sich in aller Öffentlichkeit Ihrem neuen Ansatz und Ihrem Team. Selbst wenn Sie beschließen, dass ein Teammeeting keine gute Idee ist und Sie stattdessen mit jedem Mitarbeiter einzeln über die bevorstehenden Veränderungen sprechen, sollte die Botschaft dieselbe sein: »Ich werde von nun an ein besserer Manager sein. Und das bedeutet Folgendes: Ich werde enger mit Ihnen zusammenarbeiten. Jeden Tag werde ich eine Stunde darauf verwenden, 15-minütige Einzelgespräche zu führen, sodass ich mit jedem von Ihnen mindestens ein Mal pro Woche spreche. Ich werde mich intensiv bemühen, jeden Einzelnen von Ihnen auf Erfolgskurs zu bringen. Ich werde meine Erwartungen klarer formulieren und mehr Planungsinstrumente und Checklisten zur Verfügung stellen. Ich plane Ihre Leistungen genauer verfolgen, damit ich Ihnen mehr Anleitung, Führung und Unterstützung geben kann. Ich werde mich intensiv bemühen, kleine Probleme sofort zu lösen, bevor sie sich in große Probleme verwandeln. Und ich werde mich sehr anstrengen, um jedem von Ihnen dabei zu helfen, die Belohnungen zu erhalten, die Sie sich wünschen und die Sie brauchen. Sind Sie dabei?«

Seien Sie darauf vorbereitet, dass Ihre Mitarbeiter beunruhigt sind, viele Fragen stellen und anzweifeln, dass Sie das wirklich dauerhaft durchhalten. Es wird eine Weile dauern, bis sie sich daran gewöhnt haben. Eine gute Art und Weise, die Teambesprechung zu beenden, ist es, mit jedem Mitarbeiter den Termin für Ihr erstes Einzelgespräch festzulegen.

Jetzt müssen Sie nur noch beginnen, aktiv zu managen ... jeden Mitarbeiter einzeln, und das tagtäglich

Wenn Sie alle notwendigen Vorbereitungen getroffen haben, sind Sie bereit, um regelmäßige Einzelgespräche mit Ihren Mitarbeitern zu führen. Bereiten Sie jedes Gespräch vor, indem Sie Ihre Management-Landkarte durchgehen.

Schreiben Sie ein Skript, das Ihre Selbstverpflichtung wiederholt, sich zu einem besseren Manager zu entwickeln, und betont, wie die neuen Managementbeziehungen zu Ihren Mitarbeitern aussehen werden. Erklären Sie, dass dies ein Lernprozess für Sie ist und dass Sie Fehler machen werden. Erklären Sie, dass Sie Ihren Ansatz im Lauf der Zeit überprüfen und gegebenenfalls korrigieren. Geben Sie dem jeweiligen Mitarbeiter zu verstehen, dass Sie wissen, dass dies auch für ihn eine große Veränderung ist und dass Sie von ihm erwarten, diesen Lernprozess zu durchlaufen. Erklären Sie, dass Sie seine Hilfe brauchen, damit diese Veränderung für Sie beide positive Ergebnisse hat. Erklären Sie, dass Sie wissen, dass Sie Ihre neue Rolle in der Beziehung zueinander immer besser erfüllen, und dass dasselbe auch für ihn gilt.

Wenn Sie über die Gründe gesprochen haben, die zu dieser umfassenden Veränderung geführt haben, ist das Wichtigste, die Parameter Ihrer regelmäßigen Gespräche zu diskutieren. Wie oft werden Sie sich mit diesem Mitarbeiter zusammensetzen? Wann genau, und wie lange sollen die Gespräche dauern? Wo finden sie statt? Sorgen Sie dafür, dass Ihr Mitarbeiter versteht, dass Sie sich diesem neuen Ansatz zu 100 Prozent verschrieben haben, aber dass Sie auch flexibel sind. Der beste Weg, um das Gespräch abzuschließen, ist die Wiederholung Ihrer Abmachungen für das nächste Gespräch. Wann soll es stattfinden? Wo soll es stattfinden? Wie lange wird es dauern? Worüber werden Sie sprechen?

Die ersten Gespräche können eher etwas schwerfällig verlaufen. Das ist in Ordnung. Mit der Zeit werden Sie und Ihre Mitarbeiter mehr Übung darin haben und diese Gespräche dazu nutzen, das zu erhalten, was Sie voneinander erwarten. Denken Sie immer daran, dass es sich dabei um bewegliche Dinge handelt. Überprüfen Sie immer wieder Ihre Management-Landkarte. Und sprechen Sie immer wieder über die Arbeit. Sprechen Sie wie ein Performance-Coach. Beschreiben Sie – immer und immer wieder. Teilen Sie die Themen in kleine Abschnitte auf. Fokussieren Sie auf die nächsten Schritte. Beschreiben Sie wieder. Teilen Sie die Themen in noch kleinere Abschnitte auf. Bereiten Sie sich auf künftige Gespräche vor, indem Sie Ihre Aufzeichnungen vom letzten Gespräch durchgehen. Machen Sie sich *während* des Gesprächs Notizen und übertragen Sie diese *nach* dem Gespräch in Ihr System zur Leistungsverfolgung.

Erinnern Sie sich an die alte Lehrerregel? Sie lautet: »Beginnen Sie mit ganz straff angezogenen Zügeln, und wenn die Schüler das strenge Regime akzeptieren, voraussetzen und sich daran gewöhnt haben, dann lockern Sie die Zügel ein wenig. So lange sich die Schüler weiterhin so verhalten, als hielten Sie die Zügel straff, müssen Sie gar nicht so streng sein.« Dieselbe Grundregel gilt für das Mitarbeitermanagement, nur dass Sie diese Regel auf jeden Mitarbeiter einzeln anwenden müssen.

Beginnen Sie mit einem sehr rigorosen Management und finden Sie dann sofort heraus, wie streng jeder einzelne Mitarbeiter geführt werden muss und wie Sie Ihren Managementansatz austarieren müssen. Warnen Sie Ihre Mitarbeiter, dass Sie hohe Erwartungen an sie stellen, und wenn sie diese erfüllen, können Sie Ihre Zügel ein wenig lockern. Erbringen Ihre Mitarbeiter auch weiterhin eine hohe Leistung, können Sie sie noch ein wenig mehr lockern. Aber sprechen Sie regelmäßig mit ihnen, um die Prioritäten zu überprüfen, Erwartungen zu klären und die Leistung jedes einzelnen Mitarbeiters zu überwachen, zu messen und zu dokumentieren.

Wenn die Leistung eines Mitarbeiters in irgendeiner Weise nachlässt, dann ziehen Sie die Zügel wieder eine Weile an. Wenn ein Mitarbeiter langsamer wird, Details übersieht, Fristen versäumt oder ein inakzeptables Verhalten an den Tag legt, dann führen Sie ihn eine Weile an der kurzen Leine. Auch wenn sich die äußeren Umstände umfassend verändern, zum Beispiel, wenn ein Mitarbeiter eine neue Aufgabe, Rolle oder Verantwortung übernimmt, sollten Sie die Zügel eine Weile straffen, und zwar so lange, bis Sie die Dinge im Griff haben. Und dann können Sie sie wieder etwas lockern.

»Wie soll ich darauf reagieren?« – Wie ein starker Manager auf den Widerstand von Mitarbeitern reagiert

In Ihren ersten Einzelgesprächen beziehungsweise wenn Sie beginnen, Ihre Mitarbeiter straffer und aktiver zu führen, müssen Sie bei einigen Mitarbeitern mit Widerstand rechnen. Sobald Sie versuchen, sie für ihre Handlungen zur Rechenschaft zu ziehen, werden sie nach Ausflüchten suchen. Wenn Sie Ihre Mitarbeiter auffordern, »Rechenschaft abzulegen«, werden Sie von einigen alle möglichen Gründe hören, warum sie bestimmte Dinge nicht getan haben. Was soll ein Manager darauf antworten? Hier einige mögliche Reaktionen auf die klassischen Ausreden und Widerstände.

Reaktion des Mitarbeiters: »Sagen Sie mir nicht, wie ich meine Arbeit zu erledigen habe. Hören Sie auf mit dem Mikromanagement. Ich weiß, was ich tue. Trauen Sie mir etwa nicht?«

Managerantwort: »Ich muss genau verstehen, was Sie machen und wie Sie genau dabei vorgehen. Und ich muss dafür sorgen, dass Sie genau das tun, was ich von Ihnen erwarte und brauche. Lassen Sie uns Ihre Arbeit und Ihre Vorgehensweise also ganz genau und Schritt für Schritt durchsprechen.«

Reaktion des Mitarbeiters: »Das ist nicht meine Schuld.«

Managerantwort: »Lassen Sie uns genau überprüfen, was Sie wann und wie gemacht haben, und zwar Schritt für Schritt. Und dann sehen wir uns die Ergebnisse an.«

Reaktion des Mitarbeiters: »Das ist nicht fair.«

Managerantwort: »Lassen Sie uns darüber sprechen, was Sie für fair halten, und wie Sie das begründen. Zunächst wollen wir aber darüber sprechen, über welche Konsequenzen Sie genau unzufrieden sind, und dann wollen wir uns ansehen, welche Handlungen zu diesen Konsequenzen geführt haben.«

Reaktion des Mitarbeiters: »Und was ist mit mir? Ich will ....«

Managerantwort: »Sie wollen ....? Ich freue mich, das zu erfahren. Dann wollen wir darüber sprechen, was genau Sie tun müssen, um sich das zu verdienen.«

Reaktion des Mitarbeiters: »Sie haben die Fakten ja gar nicht.«

Managerantwort: »Ich verfüge über folgende Fakten. Hier die genauen Fakten, die ich kenne. Sagen Sie mir, welche Fakten ich nicht habe. Und sagen Sie mir, woher diese stammen.«

Reaktion des Mitarbeiters: »Diese Aufgabe lässt sich so nicht erfüllen.«

Managerantwort: »Die Aufgabe lässt sich sehr wohl erfüllen, und zwar aus folgenden Gründen. Ich werde Ihnen noch einmal erklären, was Sie zu tun haben, und wie Sie dabei vorgehen müssen.« Oder: »Sie haben Recht, diese Aufgabe lässt sich so nicht komplett erfüllen. Hier die Dinge, die Sie tun können, um den größten Teil der Aufgabe zu erfüllen – trotz ihrer Schwachstellen.«

Reaktion des Mitarbeiters: Stumme Abwehrhaltung (keine oder einsilbige Antworten. Beispiel: vor der Brust verschränkte Arme, wortloses Abwarten).

Managerantwort: »Wir müssen über Ihre Arbeit sprechen können und über Ihr Vorgehen dabei.« Stellen Sie dann direkte Fragen. Beginnen Sie mit einer Reihe von Fragen, auf die der Mitarbeiter nur mit ja oder nein antworten kann. Fahren Sie mit Fragen fort, die nur eine kurze Antwort erfordern und gehen Sie dann allmählich zu offeneren Fragen über. Wenn der Mitarbeiter wieder zu seiner stummen Abwehrhaltung zurückkehrt, kehren Sie wieder zu den geschlossenen Fragen zurück.

Reaktion des Mitarbeiters: »Ja, ja, ja, ja.« Oder: »Sie haben Recht, Sie haben Recht, Sie haben Recht.«

Managerantwort: »Danke. Ich freue mich, dass Sie mir zustimmen. Nun wollen wir die konkreten nächsten Schritte festlegen, damit wir Ihren Erfolg oder Misserfolg messen können.« Teilen Sie die nächsten Schritte in kleine überschaubare Aufgaben auf und überwachen Sie sie genau. Dem »Ja, ja, ja« Ihres Mitarbeiters müssen Sie eine unmittelbare Erfolgs- oder Misserfolgsbilanz folgen lassen. Wenn auf das »Ja, ja, ja« schlechte Ergebnisse folgen, dann reagieren Sie auf die nächsten »Ja, ja, ja« mit Ungläubigkeit. Sagen Sie: »Wir haben gestern ein Gespräch geführt. Sie haben ‚Ja, ja, ja' gesagt, aber Sie haben nicht das getan, worauf wir uns geeinigt haben. Das lässt sich interpretieren als ‚Lassen Sie mich bitte in Ruhe', und diese Antwort ist nicht akzeptabel.«

Reaktion des Mitarbeiters: »Sie hacken auf mir herum.«

Managerantwort: »Ich bin froh, dass Sie bemerkt haben, dass ich Ihr Verhalten kritisiere. Ich will Ihnen genau erklären, warum ...«

Reaktion des Mitarbeiters: »Sie bevorzugen Mary.«

Managerantwort: »Ich will Ihnen erklären, warum ich mich so anstrenge, Mary zu belohnen. Weil sie mehr leistet als andere. Wenn ich sie um etwas bitte, dann macht sie es. Wenn ich sie nicht explizit um etwas bitte, dann sucht sie sich eigenständig Arbeit und erledigt sie. Wollen Sie, dass ich mich für Sie auch so engagiere? Dann will ich Ihnen sagen, was genau ich von Ihnen erwarte. Lassen Sie uns klare Ziele mit klaren Richtlinien und konkreten Fristen festlegen. Wenn Sie diese Ziele innerhalb der genannten Richtlinien bis zum genannten Termin erreichen, werde ich mich auch für Sie engagieren.«

Bleiben Sie flexibel: Überprüfen und korrigieren Sie Ihre Entscheidungen ständig

Nachdem Sie Ihre Mitarbeiter ungefähr sechs Wochen lang aktiv gemanagt haben, werden die Nuancen Ihrer Managementaufgaben immer deutlicher. Sie werden eine bessere Vorstellung davon haben, wer was, wo, warum, wann und wie macht. Die Überraschungen sind überwunden. Sie haben zahlreiche Anpassungen vorgenommen. Ihre Einzelgespräche mit Ihren Mitarbeitern sind inzwischen Routine. Wenn Sie die Leistung jedes Einzelnen überwacht, gemessen und in Ihrem System zur Leistungsverfolgung dokumentiert haben, werden Sie für jeden Mitarbeiter über eine schriftliche Erfolgsbilanz verfügen.

Sobald Sie die Geschehnisse verdaut und Ihrem neuen Managementstil die Gelegenheit gegeben haben, sich zu bewähren (üblicherweise reichen sechs Wochen aus, um deutliche Ergebnisse zu erzielen), werden Sie normalerweise an einen Punkt kommen, an dem einige Entscheidungen offensichtlich werden: Sie müssen Sam feuern. Sie müssen bestimmte Aufgaben und Verantwortlichkeiten von Pat zu Bobby verlagern. Und Sie sollten sich wahrscheinlich eine Zeitlang jeden Tag mit Pat zusammensetzen, wohingegen Sie mit Bob nur ein Mal pro Woche sprechen müssen.

Egal wie Ihre Entscheidungen aussehen mögen: Sie müssen dem Prozess Vertrauen schenken. Handeln Sie. Lassen Sie nicht nach. Bleiben Sie nicht stecken. Bleiben Sie flexibel. Seien Sie darauf vorbereitet, Ihre Entscheidungen ständig zu überprüfen und zu korrigieren, da sich die Umstände und Menschen ständig verändern. Setzen Sie sich weiterhin regelmäßig mit jedem Mitarbeiter zusammen. Halten Sie an der Überwachung, Messung und Dokumentation der Leistung jedes Einzelnen fest. Werfen Sie immer wieder einen Blick auf Ihre Management-Landkarte. Stellen Sie sich weiterhin folgende Fragen:

- Wer muss straffer gemanagt werden? Wer braucht mehr Bewegungsfreiheit?
- Wer wird sich wahrscheinlich verbessern? Wer nicht?
- Wer sollte entwickelt werden? Wer sollte gefeuert werden?
- Wer sind Ihre besten Mitarbeiter? Wer sind Ihre echten Leistungsbremsen?
- Wer verlangt Sonderregelungen und Belohnungen? Wer verdient sie?

Wie man Mitarbeiter managt, die andere Mitarbeiter managen

Wie viele Ihrer Mitarbeiter sind wiederum für andere Mitarbeiter verantwortlich? Wohin steuern die Manager, die Sie managen, um in Ihren neuen Ansatz zu passen? Wenn Sie von ihnen erwarten, dass sie ihrerseits so aktiv managen wie Sie, müssen Sie gleich zu Beginn einige Zeit in Einzelgespräche mit ihnen investieren, um sie vorzubereiten. Sie sind dabei, den Stil und die Methoden jedes Managers radikal zu verbessern. Konzentrieren Sie sich intensiv auf Ihre Manager, bis sie auf dem neuesten Stand sind und ihre Managementrolle so engagiert ausfüllen, wie Sie es von ihnen erwarten.

Leihen Sie ihnen Ihr Exemplar dieses Buches aus. Erklären Sie jedem Manager, dass er sich genauso intensiv wie Sie anstrengen muss, um ein besserer Vorgesetzter zu werden. So wie Sie lernen, wie ein Performance-Coach zu sprechen, Ihren Ansatz auf jeden individuellen Mitarbeiter abzustimmen, mit jedem Ihrer Mitarbeiter jeden Tag zu sprechen, Ihre Erwartungen deutlicher zu formulieren, die Leistung Ihrer Mitarbeiter zu verfolgen und Ihren Mitarbeitern dabei zu helfen, sich zu verdienen, was sie brauchen, müssen Ihre Manager dasselbe mit ihren Mitarbeitern tun.

Von nun an müssen Sie managen, wie Ihre Manager ihre eigenen Mitarbeiter steuern, und zwar auf Schritt und Tritt. Legen Sie in Ihren regelmäßigen Managementgesprächen den Fokus darauf, wie genau jeder einzelne Manager die harte Arbeit des Mitarbeitermanagements ausführt. Stellen Sie Testfragen über jeden Mitarbeiter, den Ihr Manager führen soll: »Wann haben Sie sich zuletzt mit Mitarbeiter A zusammengesetzt? Was hofften Sie zu erreichen? Worüber haben Sie gesprochen? Woran arbeitet Mitarbeiter B? Was hat Mitarbeiter C letzte Woche getan? Welche Anleitung und Führung haben Sie Mitarbeiter D gegeben? Wie lauten die derzeitigen Ziele und Fristen von Mitarbeiter E? Welche Notizen haben Sie sich in Ihrem Notizbuch gemacht? Kann ich sie einsehen?« Wenn Sie wollen, dass sich Ihre Manager bei bestimmten Mitarbeitern auf bestimmte Punkte konzentrieren, dann sprechen Sie das aus. Wenn Sie wollen, dass Ihre Manager eine bestimmte Botschaft an ihre Mitarbeiter kommunizieren, dann formulieren Sie die Botschaft. Schreiben Sie sie auf. Lassen Sie sie auf Karten drucken, damit Ihre Manager sie an ihre Mitarbeiter verteilen. Sprechen Sie darüber. Üben Sie sie im Rollenspiel.

In den frühen Phasen der Vermittlung Ihres aktiven Managementstils an die Ihnen unterstellten Manager möchten Sie vielleicht an einigen Mitarbeitergesprächen teilnehmen, die Ihr Manager führt, um Leistungen zu überprüfen und zu verfolgen. Aber überlassen Sie ihm die Gesprächsführung. Treten Sie ihm nicht auf die Füße und untergraben Sie nicht seine Autorität. Hören Sie einfach zu und machen Sie sich Notizen, damit Sie Ihrem Manager nach dem Gespräch Feedback geben können. Das heißt nicht, dass Sie dem Mitarbeiter Ihres Managers während des Gesprächs kein direktes Feedback geben können. Achten Sie nur darauf, dass Ihre Kommentare kurz sind, und geben Sie das Wort gleich darauf wieder an Ihren Manager zurück. Die Teilnahme an den Mitarbeitergesprächen Ihres Managers gibt Ihnen einen guten Eindruck der Realität.

Natürlich müssen Sie mit Ihren Managern auch über deren weitere Aufgaben, Projekte und Verantwortlichkeiten sprechen, die nichts mit Mitarbeitermanagement zu tun haben. Aber denken Sie daran, dass die vorrangige Aufgabe eines Managers das Management ist. Folglich sollte der Fokus des Managements Ihrer Manager in erster Linie auf diesem Bereich liegen.

Wie Sie Ihren Vorgesetzten managen

Sobald Ihnen das Selbstmanagement und das Management Ihrer Mitarbeiter zur Gewohnheit geworden ist, müssen Sie einschätzen, ob Sie auch Ihren Vorgesetzten managen müssen. Manchmal müssen Sie ihm dabei helfen, so stark und aktiv zu werden, wie Sie ihn brauchen.

Stellen Sie zunächst sicher, dass Sie Ihr Bestes geben. Kommen Sie immer etwas früher zur Arbeit als notwendig. Bleiben Sie immer etwas länger. Und konzentrieren Sie sich in der Zeit dazwischen hundertprozentig auf die Arbeit. *Ihre* Arbeit. Konzentrieren Sie sich darauf, die Ihnen zugewiesene Rolle zu erfüllen, bevor Sie versuchen, nach Höherem zu greifen. Konzentrieren Sie sich auf Ihre Aufgaben, Managementverantwortlichkeiten und Projekte. Konzentrieren Sie sich darauf, sie ohne Unterlass sehr schnell und sehr gut zu erledigen. Wenn Sie wirklich Eindruck auf Ihren Vorgesetzten machen wollen, dann sollte das Ihr immer Ihr Hauptfokus sein.

Reservieren Sie sich außerdem jeden Tag oder jede Woche Zeit, um sich managen zu lassen. Ob Ihr Vorgesetzter es bemerkt oder nicht, Sie müssen einen regelmäßigen Managementdialog führen, genauso wie Sie einen regelmäßigen Dialog mit Ihren Mitarbeitern führen. Ergreifen Sie also die Initiative, um regelmäßige Einzelgespräche mit Ihrem Vorgesetzten zu führen. Wenn Sie versuchen, einen passiven Chef in einen aktiveren Chef zu verwandeln, dann beachten Sie folgende Regeln: Setzen Sie sich mit ihm nur zusammen, wenn Sie Gesprächsbedarf haben. Bereiten Sie sich auf das Gespräch vor. Gehen Sie mit einer klaren Liste der Themen, die Sie besprechen wollen, in das Gespräch. Und machen Sie Ihre Hausaufgaben. Wenn Sie Anleitung brauchen, gehen Sie mit einem vorläufigen Plan in das Gespräch. Wenn Sie Fragen haben, versuchen Sie einige Antwortvorschläge für jede Frage vorzubereiten.

Drittens sollten Sie Ihrem Vorgesetzten im Lauf der Zeit beibringen, wie er Sie managen soll. Lehren Sie ihn, sich auf Ihre Leistung zu konzentrieren. Bestehen Sie darauf, dass er Erwartungen an Sie stellt und bitten Sie ihn um Fristen für jede Aufgabe. Helfen Sie ihm, sich auf Ihre Bedürfnisse einzustellen und seinen Ansatz auf Ihre Bedürfnisse abzustimmen. Aber sorgen Sie auch dafür, dass Ihr Ansatz auf Ihren Vorgesetzten abgestimmt ist. Und machen Sie sich selbstverständlich bei jedem Gespräch ausführliche Aufzeichnungen. Bieten Sie Ihrem Vorgesetzten an, Einblick in Ihre Notizen zu nehmen.

Viertens, wenn Sie etwas von Ihrem Vorgesetzten wollen, dann bitten Sie in Form eines Vorschlags darum. Bringen Sie Ihre Anliegen nicht leichthin vor, dann werden sie auch nicht auf die leichte Schulter genommen. Liefern Sie immer folgende Informationen mit: Worin liegt der Nutzen Ihres Vorschlags? Was bringt er Ihrem Vorgesetzten? Welchen Nutzen bringt er dem Team? Was hat die Organisation davon? Was haben die Kunden davon? Wenn Sie etwas für sich selbst erreichen wollen, sollten Sie das immer in Form eines Tauschgeschäfts vorschlagen: »Ich bin bereit, A, B und C zu tun, um X, Y und Z zu erhalten.« Wenn Sie um etwas Besonderes bitten, dann denken Sie daran, dass Sie dafür auch etwas Besonderes bieten müssen.

Fünftens sollten Sie immer der motivierte, engagierte und leistungsstarke Superstar sein, den Sie auch in Ihren eigenen besten Mitarbeitern sehen wollen.

Einer muss der Chef sein. Seien Sie ein großartiger Chef!

Sie sind der Chef. Sie sind die wichtigste Person am Arbeitsplatz. Welche Art Chef werden Sie sein?

Bekämpfen Sie die Epidemie des mangelnden Mitarbeitermanagements! Sorgen Sie für echte Verantwortlichkeit. Seien Sie der Chef, der sagt: »Tolle Nachrichten – ich bin der Chef! Ich betrachte das als heilige Pflicht. Ich werde dafür sorgen, dass hier alles reibungslos läuft. Ich werde Ihnen dabei helfen, den ganzen Tag über ein hohes Arbeitspensum sehr schnell und sehr gut zu bewältigen. Ich werde Sie auf Schritt und Tritt auf Erfolgskurs zu bringen. Wenn Sie etwas brauchen, werde ich Ihnen dabei helfen, es zu bekommen. Wenn Sie etwas wollen, werde ich Ihnen dabei helfen, es sich zu verdienen.«

Nehmen Sie Ihre Autorität an, übernehmen Sie die Führung und werden Sie ein starker, aktiver Manager. Das schulden Sie Ihrem Arbeitgeber. Das schulden Sie Ihren Mitarbeitern. Das schulden Sie sich selbst.

Einer muss der Chef sein. Seien Sie ein großartiger Chef!

Danksagung

Wie immer will ich zuallererst den vielen Tausend wunderbaren Menschen danken, die mich und mein Unternehmen im Lauf der Jahre an ihrer eigenen Arbeitserfahrungen haben teilhaben lassen, seit wir im Jahr 1993 erstmalig mit unseren Untersuchungen begannen. Außerdem möchte ich den zahlreichen Unternehmensführern danken, die ein so großes Vertrauen in unsere Arbeit hatten, dass sie uns engagiert und mir die seltene Gelegenheit gegeben haben, die Praxis der realen Managementherausforderungen kennenzulernen, die reale Manager jeden Tag in der realen Welt bewältigen müssen. Mein Dank geht auch an die vielen Hunderttausend Zuhörer meiner Vorträge und die Teilnehmer an meinen Seminaren in all den Jahren: Danke dafür, dass Sie zugehört haben; danke für Ihr Lachen; danke dafür, dass Sie mich an Ihren Erfahrungen teilhaben ließen; danke dafür, dass Sie mich mit harten Fragen herausgefordert haben; danke für Ihre Freundlichkeit und dafür, dass ich von Ihnen lernen durfte. Den Managern, die an unseren sogenannten Bootcamps teilgenommen haben, verdanke ich die größte intellektuelle Herausforderung. Am meisten habe ich über Management gelernt, indem ich ihnen dabei geholfen habe, ihre realen Managementprobleme in der realen Welt zu lösen. Mein besonderer Dank geht an diejenigen Manager, deren echte Geschichten in diesem Buch erwähnt sind. Ich habe sie mit ergänzenden Details geschmückt, um ihre Anonymität zu wahren.

Danke an meine Partner Jeff Coombs und Carolyn Martin von RainmakerThinking für ihre harte Arbeit und ihr Engagement sowie ihre wertvollen Beiträge zu diesem Vorhaben – an jedem einzelnen Tag. Ich schätze sie beide außerordentlich und betrachte sie als enge und echte Freunde. Ich bin zutiefst dankbar für die Erfahrungen, die ich bei der Zusammenarbeit mit ihnen gemacht und die mein

Leben verändert haben. Carolyn ist eine talentierte Autorin, Referentin und Trainerin und hat viele Tausend Manager gelehrt, stärker und effektiver zu sein. Ich habe so viel von ihr gelernt. Carolyn ist eine Bereicherung für jeden, der mit ihr in Berührung kommt. Jeff ist einer meiner besten Freunde, seit ich 16 Jahre alt bin, und das wird er bleiben. Er ist außerdem meine lebende Metapher für das wertvollste Talent, das man sich vorstellen kann. Seit 1995 hat er mein Unternehmen geführt, und in dieser Funktion war er der erste Manager, den ich gelehrt habe, stark und aktiv zu sein. Aus der Beobachtung, wie Jeff sich zu einem großartigen Chef entwickelte, habe ich viel gelernt. Ich habe auch sehr viel daraus gelernt, Jeff als Mensch zu beobachten. Danke, Jeff, mein Bruder.

Dieses Buch ist auch dank einiger anderer Menschen so überzeugend geworden. Ich möchte Leah Spiro für ihre frühen Ratschläge und ihre Unterstützung danken. Danke an Marion Maneker für seine Anleitung und Führung und dafür, dass er mich und mein Buch so früh und enthusiastisch angenommen hat. Inzwischen ist Joe Tessitore, President von Collins, mein neuer Held, weil er in *Newsday* über meine Arbeit gelesen hatte, mich ansprach und mir die Chance gab, mein erstes großes Buch seit 2001 zu schreiben. Ich danke Mr. Tessitore von ganzem Herzen für die Ehre, mit ihm und Collins bei der Entstehung des Buches zusammenarbeiten zu dürfen. Ich hoffe, ich habe das Vertrauen erfüllt, das er in mich gesetzt hat.

Meine brillante Lektorin, Genoveva Llosa, hat meinen ersten Entwurf sehr gründlich durchgearbeitet und mir einen detaillierten Brief mit noch detaillierteren Instruktionen für die Neufassung des gesamten Manuskripts geschrieben. In ihrer Anleitung und Führung war sie äußerst rigoros und gründlich. Sie hat mich so gemanagt, wie ein großartiger Chef einen Mitarbeiter managen sollte. Sie hat ihre Erwartungen deutlich und anschaulich formuliert. Sie gab mir detaillierte Checklisten mit Punkten, dich ich beachten sollte. Sie nannte mir klare Fristen. Dann verlangte sie, dass ich ihr die umgeschriebenen Kapitel sende – Kapitel für Kapitel. So war sie in der Lage, meine Leistung auf Schritt und Tritt zu verfolgen. Nun muss ich sagen, dass kein Autor glücklich ist, wenn er ein Buch komplett neu schreiben soll, das er offensichtlich für gelungen hält, so wie es ist. Aber nachdem ich etwa die Hälfte von Genovevas Anweisungen ausgeführt hatte, kam mir eine Erleuchtung. Plötzlich erkannte ich, dass sie hundertprozentig Recht hatte. Ihre Vision des Buches war eine fantastische Verbesserung. Das Umschreiben des Manuskripts war harte Arbeit, und Genoveva feilte und änderte, bis wir nun zum Schluss dieses unendlich viel bessere Ergebnis vor uns liegen haben. Ich muss sagen, dass Lektoren von der Qualität einer Genoveva Llosa sehr selten sind. Es heißt immer, Lektoren würden nicht mehr lektorieren. Nun, Genoveva lektoriert. Und, wow, sie ist super! Ich bin ihr unendlich dankbar dafür, dass sie mein Buch so viel besser gemacht hat. Danke.

Und dann ist da Susan Rabiner, meine Agentin (und die Agentin meiner Frau Debby). Ich hatte schon Bücher geschrieben, bevor ich Susan kennenlernte, aber ich habe das ehrliche Gefühl, dass Susan mich zum Autor gemacht hat. Susan hat unser Leben und unsere berufliche Entwicklung verändert. Sie hat immer Vertrauen in uns gehabt und uns neben den schlechten immer auch gute Nachrichten verkündet. Susan hat uns alles beigebracht, was wir über das Schreiben und Publizieren von Büchern wissen. Die geniale Susan und ihre genialer Ehemann, Al Fortunato, haben das Buch über die Veröffentlichung von Sachbüchern, *Thinking Like Your Editor*, geschrieben. Susan hat so eine Art »Midas Touch« – alles, was sie berührt, wird zu Gold. Nie habe ich mit Susan eine Idee besprochen, die dann nicht eine eigenartige Alchemie durchlief. Susan verwandelt Ideen in Gold. Das ist ihr Talent. Wir werden unsere lebenslange Freundschaft damit verbringen, Susan dafür zu danken, dass sie unseren Bücher auf so wunderbare Weise zur Veröffentlichung verhilft.

Meiner Familie und meinen Freunden schulde ich tiefen Dank dafür, dass sie mir ermöglichen, der zu sein, der ich bin, und dass sie sind, wer sie sind. Danke an meine Eltern, Henry und Norma Tulgan, an meine Schwiegereltern Julie und Paul Applegate, meine Nichten und Neffen (von den ältesten bis zu den jüngsten): Elisa, Joseph, Perry, Erin, Frances und Eli; danke an meine Schwester Ronna und meinen Bruder Jim, meine Schwägerin Tanya und meine Schwäger Shan und Tom. Ich liebe sie alle sehr.

Ganz besonderen Dank an meine ewig liebenden Eltern für all die harte Arbeit meiner Erziehung, und dafür, dass sie bis heute meine engsten Freunde sind. Die Zeit, die wir miteinander verbringen, ist für mich äußerst kostbar.

Besonderen Dank auch an Frances für die Demonstration, was echtes Mikromanagement ist, aber am meisten dafür, dass sie mein Herz mit Freude erfüllt und mein Leben komplett macht. Danke, dass ich mich so sehr um sie kümmern darf (eine Erfahrung, die sich zudem als eine unerwartete Quelle der Managementweisheit erwiesen hat).

Mein tiefster Dank ist wie immer meiner Frau vorbehalten, Dr. Debby Applegate, renommierte Autorin des Buches *The Most Famous Man in America: The Biography of Henry Ward Beecher*. Ihr Buch ist eine so gute und wunderbar formulierte Lektüre, dass sie mir als Inspiration für meine eigene Autorentätigkeit gedient hat. Danke dafür, Debby. Die Wahrheit ist, dass ich nichts, und zwar absolut nichts ohne Debby mache. Sie ist meine ständige Beraterin, meine härteste Kritikerin und meine engste Mitarbeiterin. Dieses Buch ist Debby Applegate gewidmet, Liebe meines Lebens, meine beste Freundin, meine klügste Gefährtin und meine Partnerin in allen Dingen, meine zweite Seelenhälfte, Besitzerin meines Herzens und die Person, ohne die ich aufhören würde zu existieren. Danke, meine Liebe.

Über den Autor

Bruce Tulgan berät Unternehmensführer weltweit und ist ein gefragter Vortragsredner und Seminarleiter. Er ist Gründer von RainmakerThinking, Inc., einem Unternehmen für Managementschulungen. Bruce ist Autor des Klassikers *Managing Generation X*, des Buches *Winning the Talent Wars* sowie von elf *Manager's Pocket Guides*. Seine Arbeit ist das Thema vieler tausend Zeitungsberichte weltweit. Bruce hat Beiträge für zahlreiche Publikationen verfasst, darunter die *New York Times, USA Today, Harvard Business Review* und *Human Resources*. Neben seinem beruflichen Engagement ist Bruce Träger des schwarzen Gürtels vierter Dan im klassischen Uechi-Ryu Karate. Er lebt mit seiner Frau, Dr. Debby Applegate, Autorin des Buches *The Most Famous Man in America* in New Haven, Connecticut und Portland, Oregon. Bruce ist unter folgender E-Mail-Adresse erreichbar: brucet@rainmakerthinking.com.

Stichwortverzeichnis

A

Anforderungen 35, 40, 54, 56, 85, 87 f., 101, 105, 110, 115, 123, 128, 130, 132 f., 141, 174, 187
Arbeitnehmer-/Arbeitgeber-Beziehung 13
Arbeitserfahrungen 119, 179
Arbeitsmoral 18, 20, 38
Arbeitsprozess 45
Arbeitswelt-Version der Schulhofrüpelei 27
Arthur Andersen 11
Audit 108, 163

B

Befehlskette 5, 19, 46, 47
Best Practices 39, 40, 103, 108, 110, 114, 116
Beziehungsmanagement 132
Blair, Jayson 10
Blanchard, Kenneth 16
Buckingham, Marcus 16, 17

C

CEOs 13
Checkliste 75, 79, 104, 121, 125, 141, 163
chefmäßig 27
Coaching 12, 55, 57 ff., 61, 79, 81, 118, 144, 179
Coaching-Talent 57
Courage 31

D

Datenmenge 128
Delegation 114 f.
Dokumentationsprozess 130
Dotcom-Boom 12

E

Egotrip 27
Eigentümer 17, 103
Einheitsgrößen-Management 63
Empowerment 17 f., 21 f., 24, 37, 114 f.
Empowerment, falsches 17
Enron 11
Entlassung 149, 150 ff.
Entlohnungsysteme 15
Erfolgsbilanz 90, 98, 189, 195
Ergebnisbilanz 119
Erwartungen 6, 10, 13 ff., 25, 30, 33, 37 ff., 40, 44, 48, 51, 60, 69, 85 f., 88, 91, 97, 101 ff., 105 f., 116, 118, 120, 123, 126 ff., 139, 144 f., 147, 158, 161, 163, 174, 190, 192, 197, 199

F

falscher netter Chef 27
Feedback 10, 12, 27, 38, 44, 48 f., 56, 60, 65, 115, 121, 137, 141, 198
flexibel 14, 164, 191
Flexibilität 26, 164, 166, 168, 195
Fluktuation 150
Forced Ranking 19
Führungspositionen 21

G

Generation X 11, 12
Generation Y 12
Gerechtigkeit 25 f., 159 f.
Geschäftsprozess 145
Gesprächunangenehmes 147
Gießkannenprinzip 26
Gleichbehandlung 159
Großzügigkeit 164
Grundregeln 93

H

Hebelwirkung 36, 161 f.
Hierarchien 18
High-Performer 157
Humanistischen Psychologie 25
Humankapitalmanagement 19
Human Resources 130

I

Immigration 19
Inhouse-System 21
Instinkt 22
Ironie 20, 26, 28, 93

J

Jekyll-und-Hyde-Problem 53
Johnson, Spencer 16

K

Karrierekiller 29
Kommunikation 50, 55, 75 f., 163
Kompetenzen 33 ff., 70
Konfrontation 137, 148

Stichwortverzeichnis

Konfrontationen 29, 31, 137, 179
Konsequenzen 7, 29, 83 ff., 90, 95, 98, 119, 148 f., 153 ff., 188, 193
Kontrollspanne 15
Konzentration 6, 30, 33, 45 ff., 51, 54, 56 f., 66, 78, 97, 106, 118, 123, 125, 141 f., 144, 182, 184, 197 ff.

L

Leistung 9, 20 f., 26 f., 30, 32 f., 38 f., 49, 57 ff., 65, 74, 79, 84 f., 92, 97 f., 104, 117 ff., 128 ff., 138, 141, 144 ff., 152 ff., 171 f., 183, 186, 188, 192, 195 ff., 199
Leistungsabhängige Bezahlung 20
Leistungsbewertung 137, 139
Leistungsfähigkeit 138
Leistungsproblem 72, 77, 80, 140 f., 147
Leistungsüberwachung 126
Leithammelproblem 46
Linienmanagern 15
Lou Adler 21
Loyalität 34

M

Macht 18, 27, 56, 119, 148, 154, 161, 177
Management by Objectives 19
Management-Landkarte 6, 81, 182 ff., 190 f., 196
Managementtheorie 16 f.
Managementwelt 81
Marines 60
McGregor, Douglas 17
Mikromanagement 10, 11, 23 f., 113 f., 177, 193
Mitarbeiterakte 130
Mitarbeiterbindung 38
Mitarbeiterproduktivität 34
Monster 21
Motivatoren 34
Mythos 14, 22, 25, 27, 29, 32 f., 35

N

Netter-Chef-Komplex 27

O

Option 20, 94, 140, 152, 153
Organigramme 15
Outsourcing 18

P

Parameter 6, 18, 23, 25, 103, 111 f., 131, 191
passive Führungsstil 16
passives Management 16, 179
Passivität 29 f., 52
Performance-Coach 5, 53, 57 f., 61, 182 f., 188, 191, 197
Performance-Coaching. 55, 57, 61
Performance Improvement Plan 130
Personalabteilung 32, 127, 130, 134, 147, 153, 156, 165
PIP 130, 131, 135

Problemlösung 137, 139, 140
Produktivität 38, 86, 119, 163 f.

Q

Qualität 34, 36, 40, 109, 119, 125, 129, 174
Qualitätsstandards 140 f.
Quellen der Autorität 15

R

Rather, Dan 11
Realität 18, 22, 25, 27, 29, 33 ff., 85, 177, 198
Reputation 119
Ressourcenbedarf 14
Rollencoaching 79

S

Sanktionen 32, 92, 95, 98, 118, 121, 151, 163, 174
Scheingleichheit 26
Selbstverbesserungsbewegung 25
Standardleistungen 163
Standardverfahren 6, 107 ff., 116, 128, 131 ff., 143, 145, 184, 187
Status quo 88, 138, 178, 180

T

Taktiken 50
Teammeeting 30
Theorie X 17
Theorie Y 17
transaktionsbestimmte Arbeitsbeziehungen 173, 175
Tyco 11

U

Undermanagement 10
Unternehmenskultur 164, 179, 180 f.
Urteilskraft 129

V

Verantwortlichkeit 6, 83, 84 ff., 94, 98 f., 102, 115, 145, 153, 200
Verantwortung 10, 11, 13, 16, 18, 21, 28, 31, 34, 41, 47, 60, 70, 81, 83, 85 ff., 98, 102, 109, 115, 117 f., 143, 146, 163, 192
Vergütungsmanager 164

W

weichgespülte Autorität 28
Weisungsbefugnis 94, 99
Widerstand 31, 89, 192